THE THEORY OF EVERYTHING
The ORIGIN AND FATE OF THE UNIVERSE

ホーキング 宇宙の始まりと終わり 私たちの未来

スティーヴン・W・ホーキング
Stephen W. Hawking

向井国昭＝監訳
倉田真木＝訳

青志社

ホーキング 宇宙の始まりと終わり
挿絵・写真

文頭に本文と対応するページを記しています

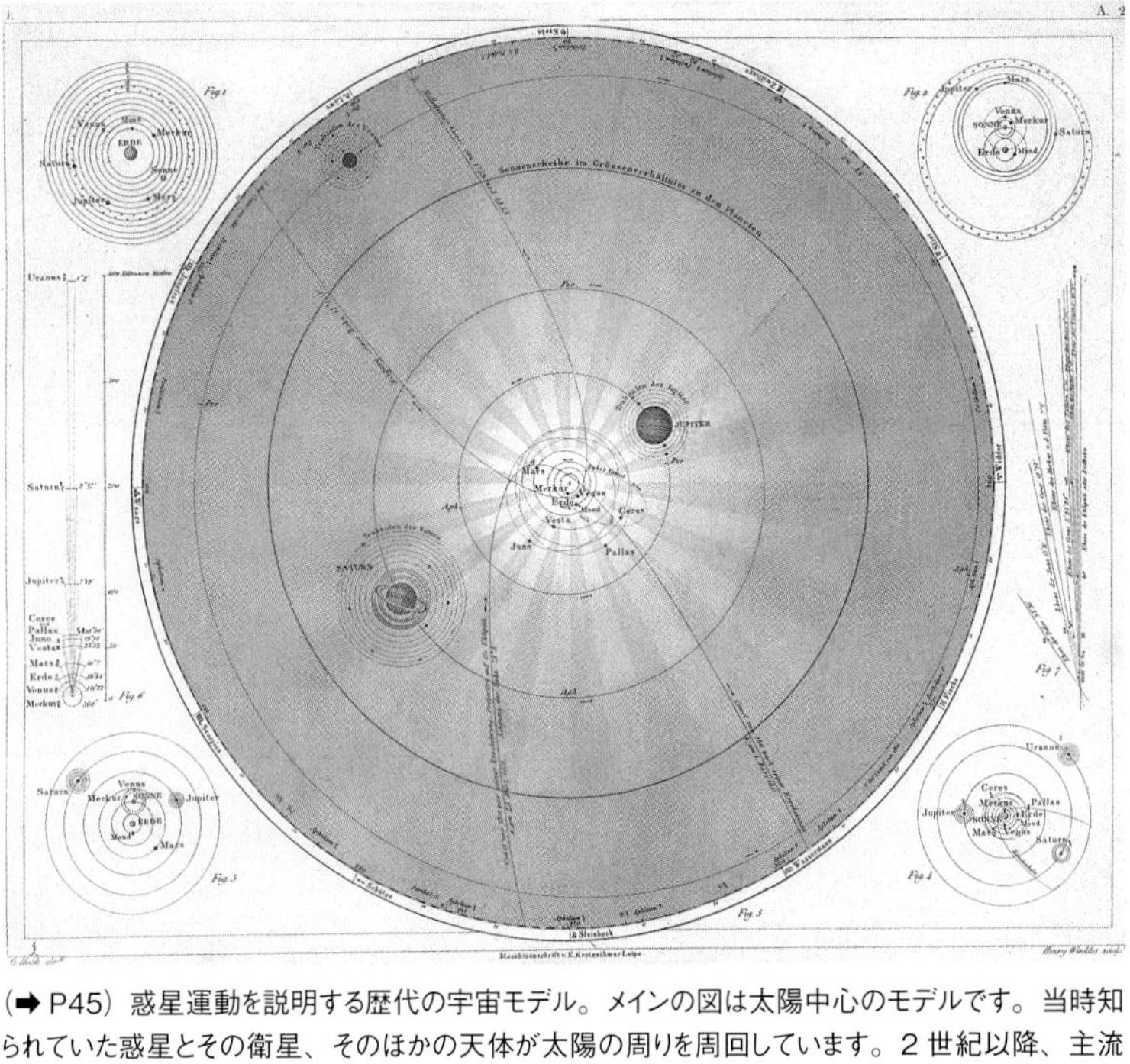

(➡ P45) 惑星運動を説明する歴代の宇宙モデル。メインの図は太陽中心のモデルです。当時知られていた惑星とその衛星、そのほかの天体が太陽の周りを周回しています。2 世紀以降、主流モデルは地球中心のプトレマイオス体系でした(左上)。これは 1543 年に太陽中心のコペルニクス・モデルに取って代わられました(右下)。エジプト・モデル(左下)とティコ・ブラーエのモデル(右上)は、静止した地球が宇宙の中心であるとみなしています。左右の端には、詳細な惑星軌道も描かれています。ヨハン・ゲオルク・ヘック『ビルダー・アトラス』1860 年より。

(➡ P50) かつては、遠く離れた星のあいだの斥力《せきりょく》と近くの星のあいだの引力とがつり合っているので、無限の数の星が平衡状態を保っていると考えられていました。しかし今では、そうした平衡状態も不安定だと考えられています。われわれの天の川銀河のなかにある若い巨大星団のひとつ、五重星団は銀河の中心部の重力的潮汐力によってわずか数百万年後にはばらばらになる運命にあります。短命ではあっても、銀河のなかのほかのどの星団よりも明るく輝いています。

（➡ P51）無限静止宇宙の星の眺め。

（➡ P57）地球から約 1300 万光年のかなたにある銀河 NGC4214 は目下、星と星のあいだのガスとちりから新しい星団を形成中です。このハッブル画像で、星と星団が段階的に形成され進化していく過程がわかります。画像右下はいちばん若い星団で、半ダースほどのガスの塊が明るく輝いています。これらの星の表面温度は摂氏 1 万度から 5 万度にも達する高温ですから、高温の若い星はハッブル画像で青味がかった白っぽい色に見えます。いちばん若い星団からみて左下には、もっと古い星団があります。このハッブル画像でなにより壮観なのは、中央の NGC4214 を数百もの大質量の青色星団が取り巻いていることです。そうした星団はどれも、われわれの太陽の 1 万倍以上の明るさです。

（➡ P58）NASA のハッブル宇宙望遠鏡でとらえた空の深奥部の画像には、宇宙の天体のなかでごく一般的な青色銀河団がおぼろげに写っています。星団と星団のあいだには 30 億から 80 億光年の距離があり、宇宙の創成期にはこうした銀河団がたくさんありましたが、今では光が弱くなったり自然崩壊したりしているので、めったに、いやほとんど見えません。こうした青色矮小銀河の形成と進化を読み解くと、われわれの天の川銀河をはじめとする銀河の進化過程を理解する新たな手掛かりが得られるかもしれません。銀河が青いのは、高温の星団から高温の青色星がいくつも生み出されているためです。

（➡ P60）宇宙が膨張をやめて最終的に収縮を始めるのか、あるいは永遠に膨張を続けるのかを判断するには、地球からロケットを飛び立たせればわかります。ロケットがかなり遅い場合、最終的に重力によってロケットは止まり、地球にさかさまに落ち始めます。一方、ロケットが臨界速度の秒速約11キロよりも速い場合、重力はロケットを引き戻すほど強くありませんから、永遠に地球から遠ざかっていきます。NASA は 200 基以上の地球周回軌道衛星の打ち上げに成功しています。そのひとつが、1975 年 7 月 21 日にフロリダ州ケープ・カナヴェラルから写真のデルタ・ロケットに搭載して打ち上げられたゴダード第 8 太陽周回軌道観測衛星（OSO-8）です。

（➡ P62）チャンドラX線観測衛星（CXO）は、われわれの天の川銀河の中心部の驚くほど高エネルギーのパノラマを撮影しました。CXOが撮影した画像をいくつも貼り合わせたこの400×900光年の領域には、数百の白色矮星や中性子星、さらには数百万度のガスの光り輝く霧に包まれたブラックホールが写っています。

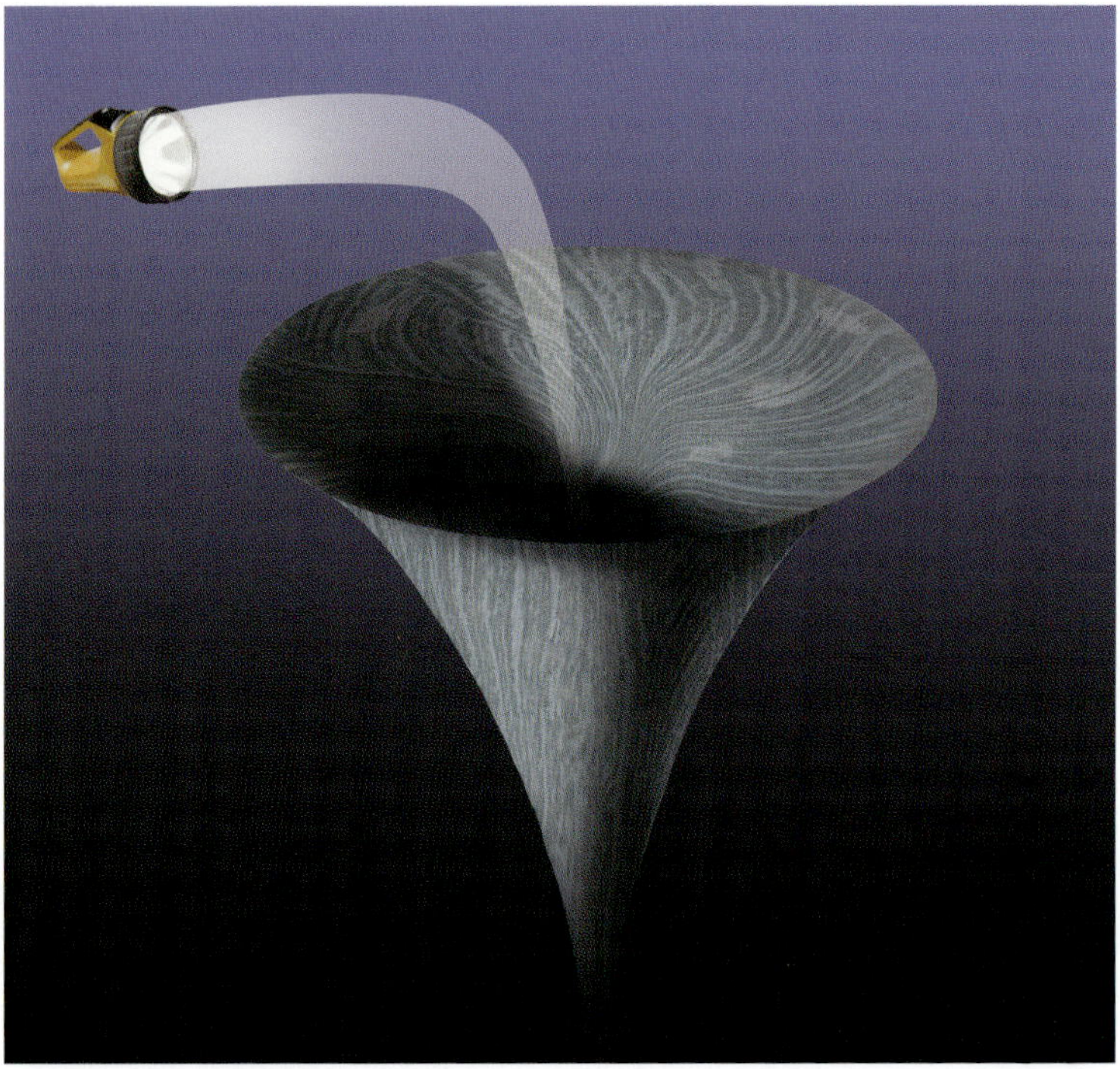

(➡ P78) 十分な質量がある密度の高い星には強い重力場があります。そのため光が引き込まれ、逃げ出すことができません。この種の星は、ブラックホールと呼ばれます。

（➡ P79）二つの大質量の天体が完全にほかの天体と重なったときに地球から見えるアインシュタイン・リング。この絵ではブラックホール（中央）は、地球と銀河のあいだにあります。銀河から遠く放たれた光は、ブラックホールの強力な重力場の影響でブラックホールの周りで屈曲し、光のリングをつくります。この現象は重力レンズ効果と呼ばれます。光が重力で曲がるという考え方は、アルバート・アインシュタインの一般相対性理論（1915 年）で提唱されたものです。重力レンズ効果の例は近年いくつか発見されています。

(➡P80)ハッブルが宇宙望遠鏡が1999年に撮影した写真を合成処理して得られたこの画像は、りゅうこつ座のカリーナ星雲の内部のなぞに満ちた複雑な構造を示しています。カリーナ星雲内部の数多くの暗い小さな天体は、崩壊して新しい星を形成する過程にあるとみられます。画像の中央下と上部左端に、二つの飛びぬけて巨大で尖った形の塵雲があります。こうした巨大な黒っぽい雲は、最終的に蒸発したり、内部が十分な密度で凝縮している場合には小さな星雲を産んだりします。天の川の南の半球部分できわだっているのが、この直径が200光年以上あるカリーナ星雲です。

（➡ P79）NASA のハッブル宇宙望遠鏡は、ライフサイクルのさまざまな過程にある星をその星の発する真の色でとらえます。画像中央部の左上に写っているのは、シャー 25 と呼ばれる進化した段階にある青色超巨星です。中央部分に写っているのは、主に高温の若いウォルフ・ライエ星（青色巨星）と初期の O 型星（最大の質量とエネルギーを持つ超高温の巨星）でできた、いわゆるスターバースト星団（P192）です。星団の周りには、こうした大質量星からのイオン化放射と高速の恒星風が吹き荒れています。右上の黒っぽい星はいわゆるボーク小球体（P192）で、星が形成される初期段階にあるとみられます。

（➡ P80）惑星状星雲 NGC6369 は、アマチュア天文家に「小さな幽霊星雲」の名で知られています。死にかけている弱々しい中央の星の周りを幽霊のような小さな星が取り巻いているように見えるからです。われわれの太陽と同じような質量をもつ星が寿命を終わりかけると、その星は膨張して赤い巨星になります。星が外層を宇宙に放出すると赤色巨星の段階は終わり、おぼろげに光る星雲ができます。この星雲の星状に残った中心部は今、紫外線を周囲のガスに放射しています。星雲の主天体のはるか外側では、放出プロセスの初期に星が吐き出したガスがおぼろげにたなびいています。われわれの太陽も同様の星雲を放出するでしょうが、あと 50 億年は始まりません。ガスは毎秒約 24 キロの速度で星から遠ざかり、約 1 万年後には星間空間に放散されます。その後、中心に星状に残った燃えかすは数十億年をかけて徐々に温度を下げながら、ちっぽけな白色矮星になり、最後には消散します。

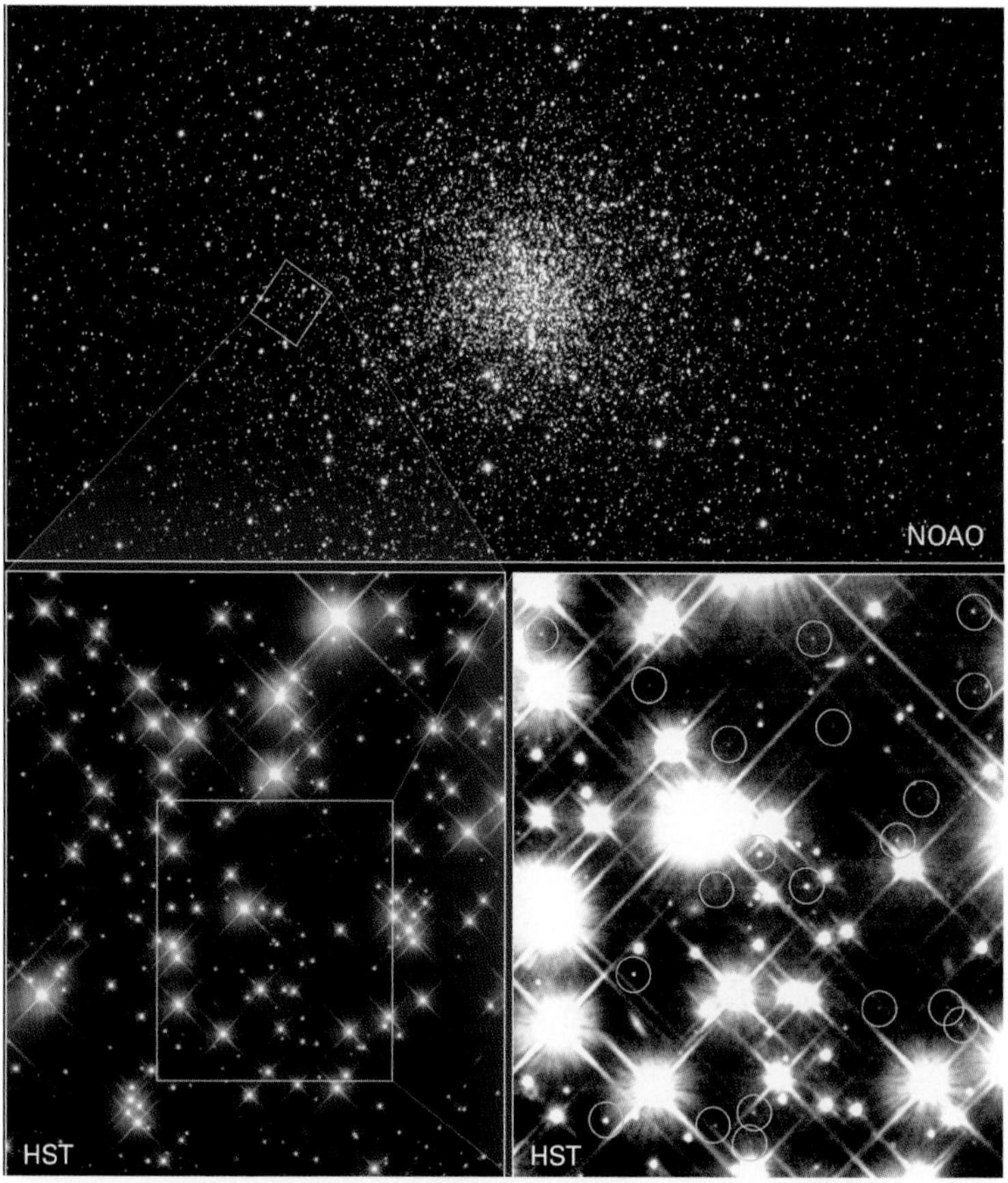

(➡ P84) 星の質量がチャンドラセカール限界 (P191) 以下の場合、最終的に収縮をやめ、最終状態は白色矮星に落ち着くと考えられます。そうした白色矮星はわれわれの天の川銀河で観測できます。M4 球状星団のなかには、約 120 億から 130 億年前にできた小さな燃え尽きた星があります。ビッグバン後に星雲ができるまでにかかる約 10 億年を加え、白色矮星の年齢はそれまでの宇宙の推定年齢 130 億から 140 億歳に一致することを天文学者は発見しました。上の地上観測図は、10 光年から 30 光年の領域内に数十万の星がひしめく星団全体のパノラマ画像です (1995 年)。中央左の四角形は、ハッブル宇宙望遠鏡で観測された星団のごく一部の領域です。右下は、もっと狭い領域の画像です。このハッブル画像から、ごく狭い領域に白色矮星が数多く存在することがわかります。図の青い円が矮星です。こうしたきわめて光の弱い星を見つけるには、露出時間は 67 日のうち 8 日近くかかります。

(➡ P83) この（さそり座の球状星団）M80（NGC6093）は、天の川銀河に 147 ある高密度の球状星団のひとつです。地球から約 2 万 8000 光年かなたの M80 には、互いに重力で引き合っている数十万の星があります。球状星団は、星の進化を研究する上でとくに有用です。なぜなら星団のなかの星は皆同じ年齢（約 150 億歳）ですが、恒星質量はまちまちだからです。この画像に写っているどの星も、われわれの太陽以上の進化の最終段階にあるか、もしくはごくまれなケースですがより大きい質量を持っています。とくに目につくのは、明るい赤色巨星です。これらは太陽と同じくらいの質量をもち、もうすぐ寿命を終えようとしています。

3種類のブラックホール形成法 (➡ P85)

バルジ（中心部のふくらみ）の原始崩壊

1. 原始水素雲が小さなブラックホールの「種」の周りで崩壊します。
2. 質量の大きいブラックホールにガスが落下し、星を形成します。
3. 崩壊により巨大な楕円形の銀河ができます。ブラックホールは成長をとめます。

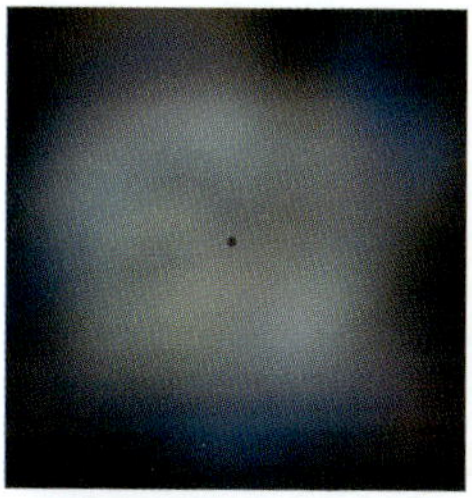
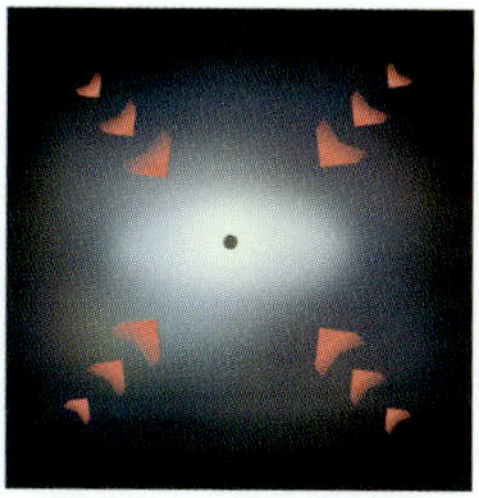
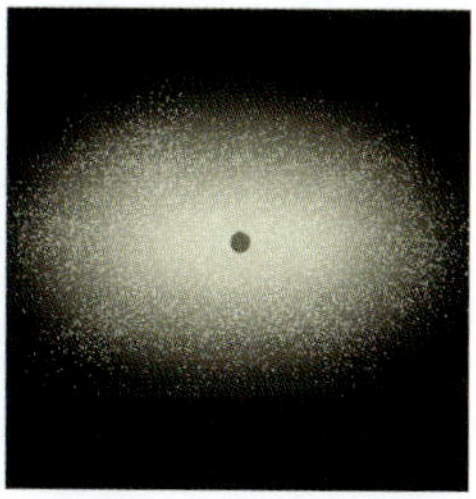

銀河の衝突

1. 中心にブラックホールをもつ二つの円盤銀河が相手に向かって落下します。
2. 二つの銀河は衝突し、二つのブラックホールといっしょに中心核が合体し始めます。
3. 合体により、中心にブラックホールをもつ巨大な楕円の銀河ができ、それに比例してブラックホールの質量も増えます。

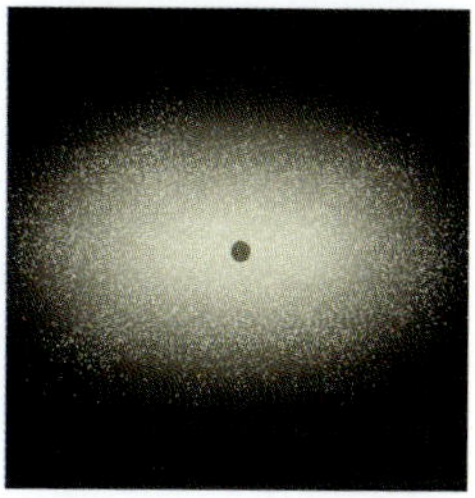

見せかけのバルジ

1. ただの円盤銀河が形成されます。ブラックホールの種をもったとしてもただ一つです。
2. 円盤状のガスが銀河の中心に落下し、見せかけのバルジが成長します。一見原始バルジのようですが、実体は円盤の一部です。
3. 見せかけのバルジが成長するにつれ、ブラックホールが誕生し、見せかけのバルジの質量でブラックホールの質量が増えます。

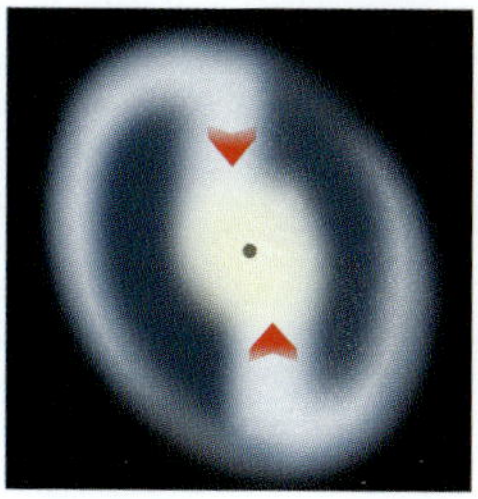

（➡ P87）宇宙検閲官仮説、言い換えると「神は裸の特異点を嫌う」という説（➡ P194）は、重力崩壊で生じた特異点は、事象の地平によって外部の観察者から「慎み深く」身を隠したブラックホールのような領域でしか起こらないと唱えています。宇宙を漂っている宇宙飛行士でも、特異点にぶつかって思いがけず寿命が尽きたりしないかぎり、特異点を見ることはできないでしょう。

ブラックホールの質量と銀河の大きさの関係

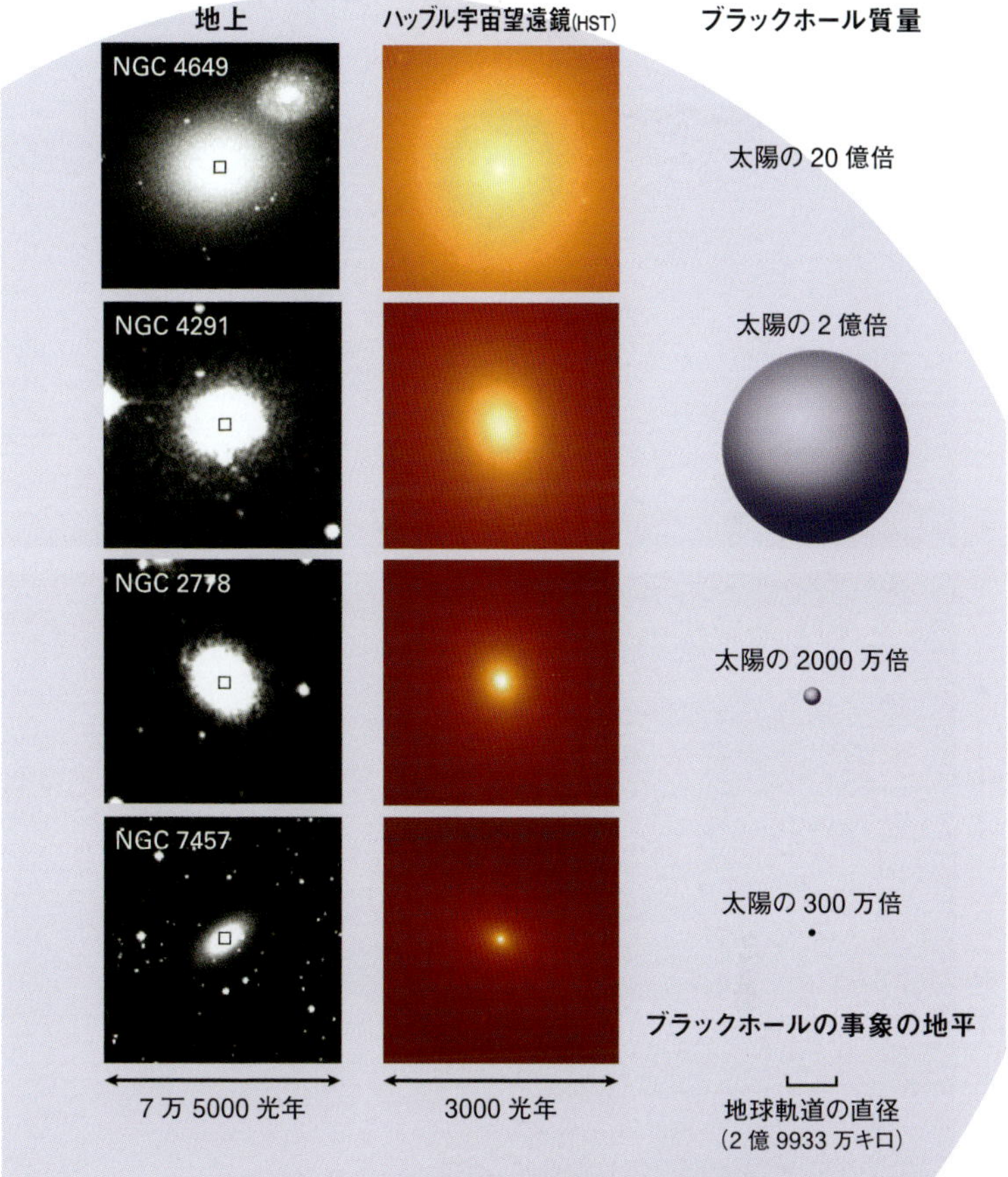

NASA および K・ゲブハルト(リック観測所)・STScI-PRC00-22

(➡ P91) 四つの楕円銀河の中心部を比較すると、銀河中心部の星のバルジの質量が大きいほど、ブラックホールも重いことがわかります。左列の白黒写真は、地上の望遠鏡で写した銀河です。中心の四角は、星団の中心領域を示しています。その領域のクローズアップ画像が、ハッブル宇宙望遠鏡で撮影された中央の列です。右列は、ブラックホールの質量と事象の地平の直径を比較したイラストです。天文学者は、ブラックホールの周りを旋回する星の動きを観測することで各ブラックホールの質量を算出しました。星がブラックホールに近づけば近づくほど、星の速度は速くなります。天文学者は、ブラックホールの質量と銀河中心部のバルジの星の平均速度のあいだに驚くべき相関関係があることを新たに発見しました。星の動きが速ければ速いほど、ブラックホールの質量は大きいということです。この情報は巨大なブラックホールは宿主である銀河の誕生よりさかのぼらないが、星やガスでできた中心部の質量を驚くほど正確な比率で閉じ込めることで銀河といっしょに進化することを示しています。

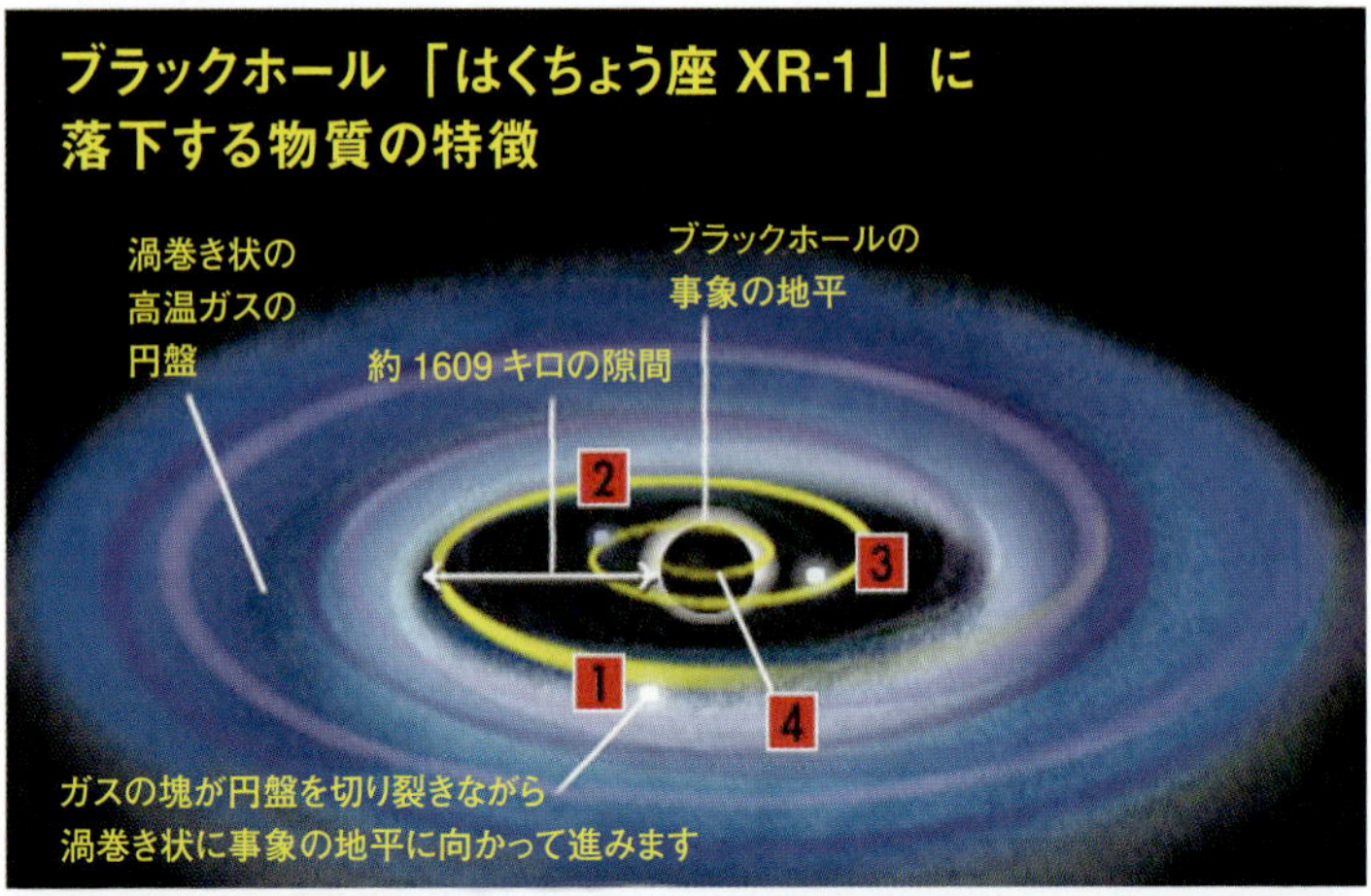
ブラックホール「はくちょう座 XR-1」に
落下する物質の特徴
渦巻き状の
高温ガスの
円盤
ブラックホールの
事象の地平
約 1609 キロの隙間
2
3
1
4
ガスの塊が円盤を切り裂きながら
渦巻き状に事象の地平に向かって進みます

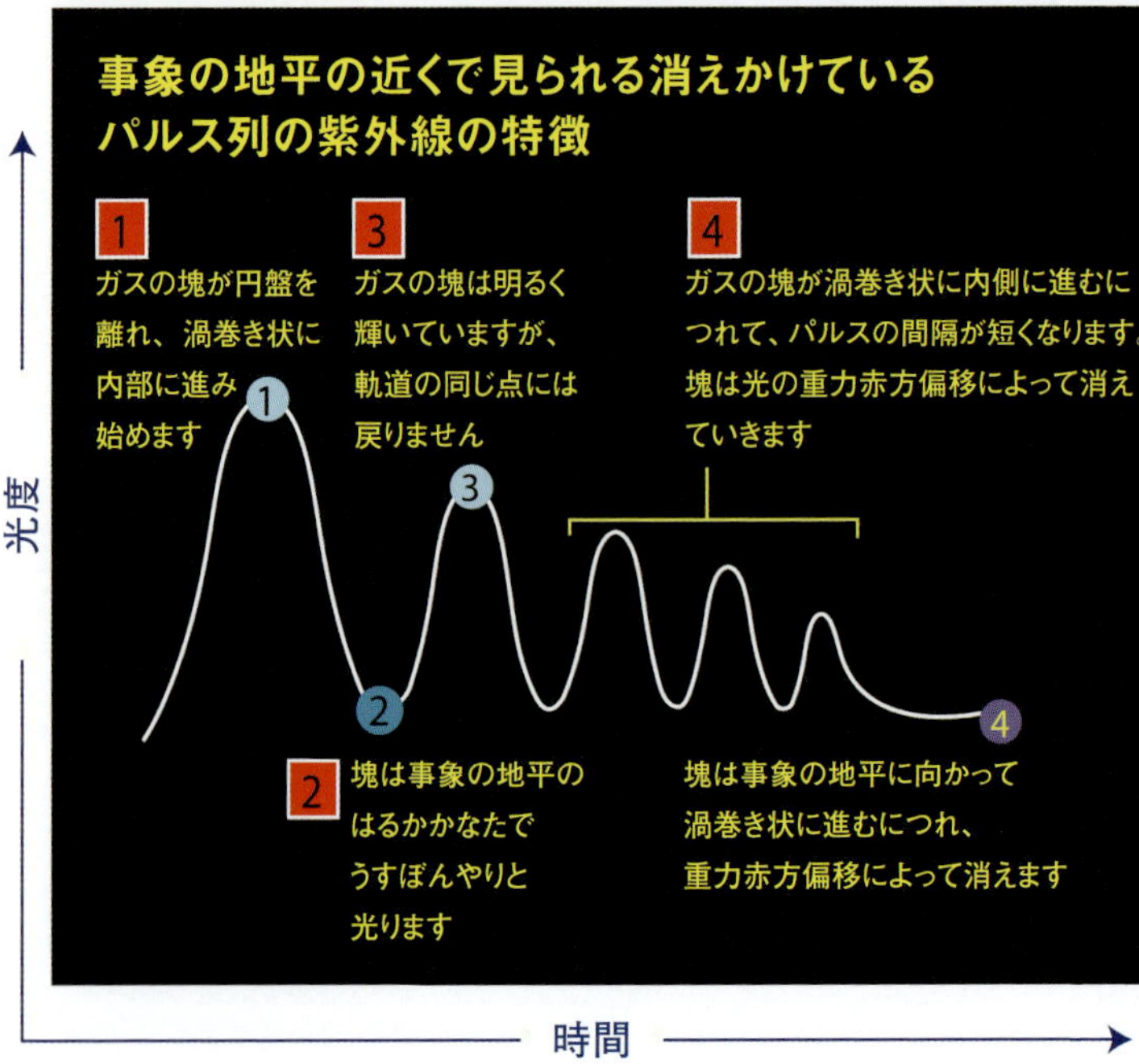
事象の地平の近くで見られる消えかけている
パルス列の紫外線の特徴
1
ガスの塊が円盤を
離れ、渦巻き状に
内部に進み
始めます
3
ガスの塊は明るく
輝いていますが、
軌道の同じ点には
戻りません
4
ガスの塊が渦巻き状に内側に進むに
つれて、パルスの間隔が短くなります。
塊は光の重力赤方偏移によって消え
ていきます
2
塊は事象の地平の
はるかかなたで
うすぼんやりと
光ります
塊は事象の地平に向かって
渦巻き状に進むにつれ、
重力赤方偏移によって消えます
光度
時間

（➡ P105）天文学者は、はくちょう座 XR-1 と呼ばれる大質量で高密度の天体の「事象の地平」の向こうに落ちるときの物質（高温のガスの塊のようなもの）の消え方を観測すれば、ブラックホールが存在する証拠を見つけたかもしれません。物質がブラックホールに落下するとき、事象の地平の領域は拡大します。

（➡P114）画家が想像した、螺旋《らせん》を描く大質量ブラックホールのなかの宇宙花火です。ブラックホールは絶え間なく落下する近くのガスや星を燃料にしています。重力膠着《こうちゃく》プロセスは、個々の星のエネルギー源である熱核融合プロセスより効率よく質量をエネルギーに転換できるのです。ブラックホールの近くで生じた並はずれた高圧と高温によって、ブラックホールのスピン軸の方向に沿って落下したガスは銀河ジェットになります。

（➡ P118）宇宙飛行士がブラックホールに落ちたら、その質量は増えます。最終的に加わった質量につり合うエネルギーは放射線となって宇宙に戻ってきます。

（➡ P57）1995 年、ハッブル宇宙望遠鏡が巨大な渦巻き銀河 NGC4414 の画像を捕らえました。この銀河のさまざまな星の発見と慎重な光度測定に基づいて、天文学者はこの銀河までの距離を正確に算出することができました。その結果、NGC4414 までの距離は、約 6000 万光年でした。さらに同じようにして、近くのほかの銀河までの距離も算出でき、宇宙の膨張率についての天文学者たちの包括的な知識に役立っています。1999 年、ハッブル・ヘリテージ・チームが NGC4414 をふたたび観測し、宇宙塵が渦を巻く銀河全体の目を見張るフルカラー画像を撮影しました。この新しいハッブル画像は、大半の渦巻きの典型的な姿をしているこの銀河の中心領域に、原始的な古い黄色星や赤色星があることを示しています。外側の渦状の腕は、かなり青い色をしています。若い青色星が形成されている途中です。解像度の高いハッブル・カメラによって、腕のなかでいちばん強く輝く星まで見ることができます。

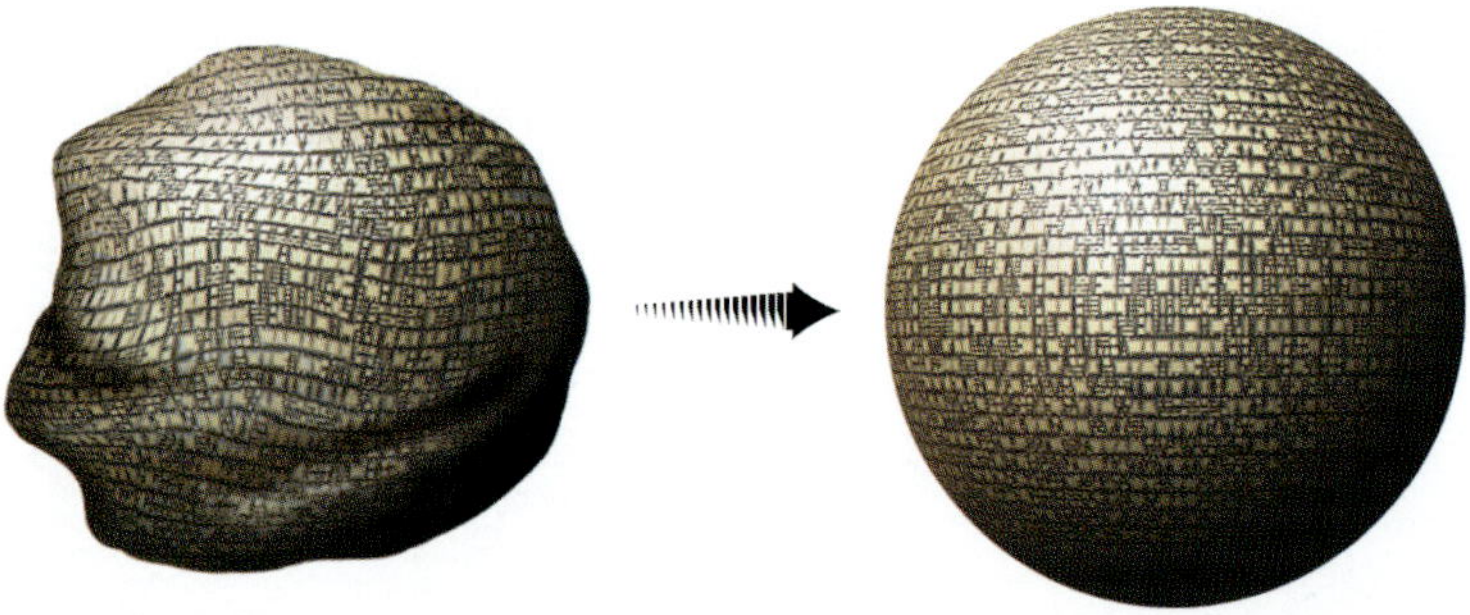

(➡ P132) 現在の滑らかで均一な宇宙の状態は、一様ではない数多くのさまざまな初期状態から進化したのかもしれません。

（➡ P139）ユークリッドの時空では、時間の方向性と空間の方向性に違いはありません。

（➡ P141）シナイ半島と死海地溝帯がはっきり見えるこの地表写真を 70 ミリレンズで撮影したのは、スペースシャトル「コロンビア」に乗った宇宙飛行士です。重力量子論では、時空は地表のようなものだとしています。広さは有限ですが、境界も縁もありません。

（➡ P143）虚数時間で膨張したり収縮したりする宇宙。

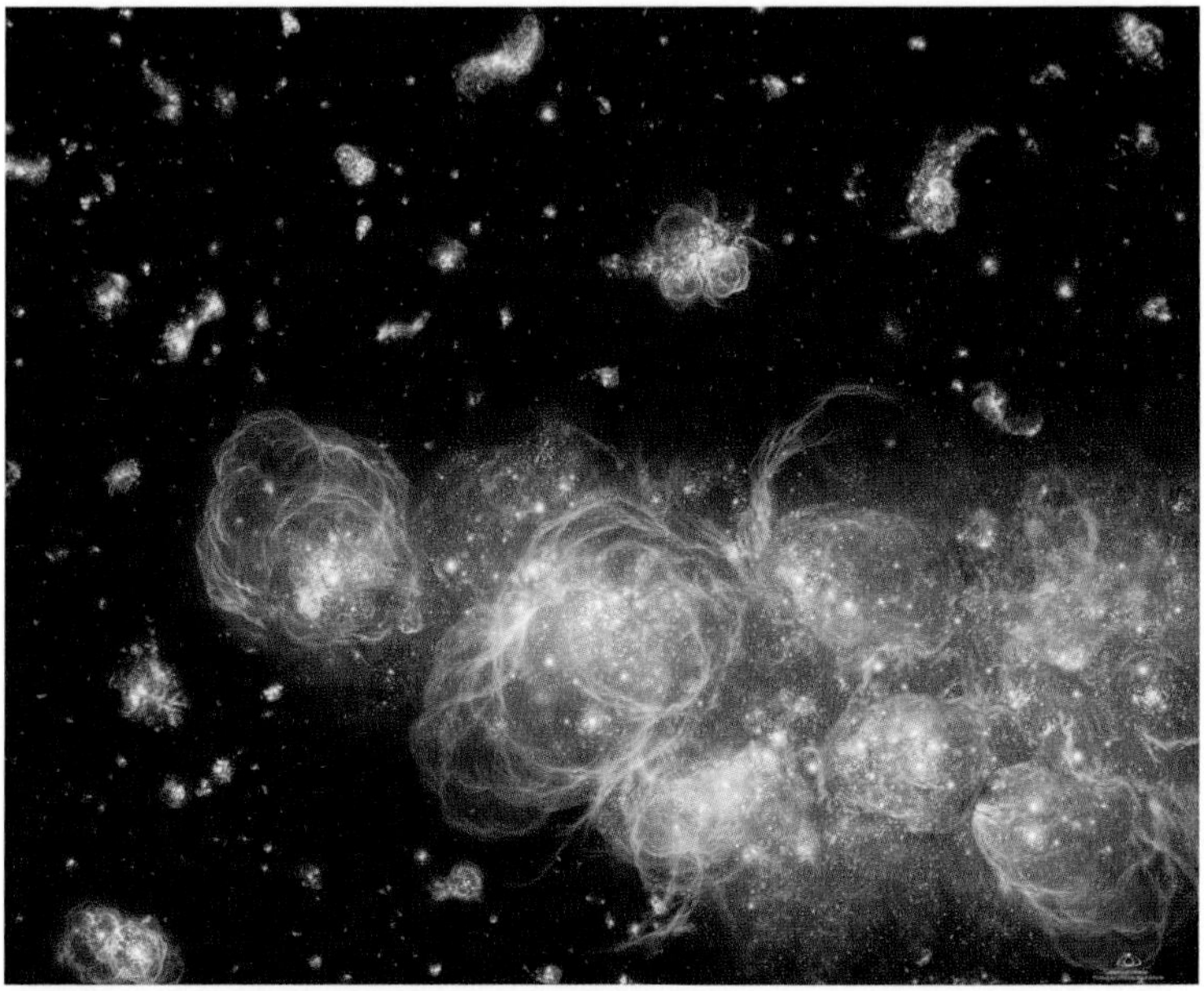

（➡ P144）ハッブル宇宙望遠鏡で見た宇宙深奥部の画像は、ごく初期の星が花火のフィナーレと同じく輝かしく華々しく突然宇宙に出現したことを知る手がかりになります。ただしこの場合は、地球や太陽や天の川運河が形成されるはるか以前に、最初にフィナーレが来ました。ハッブルの天の深奥画像を検証すると、宇宙は星が誕生するときの激しく燃える炎のなかで大部分の星をつくり出したという予備的結論が導き出されます。炎は、宇宙を創造した途方もなく大きな爆発「ビッグバン」からわずか数億年後の真っ暗やみの宇宙で不意に明るく輝きました。今日も銀河のなかで星は生まれ続けていますが、湧いて出る星の誕生率は、つぎつぎに星が誕生していた賑やかな初期の頃に比べるときわめて低いでしょう。

（➡ P149）ふだんの生活で、時間の方向性が前進するか後退するかでは大違いです。

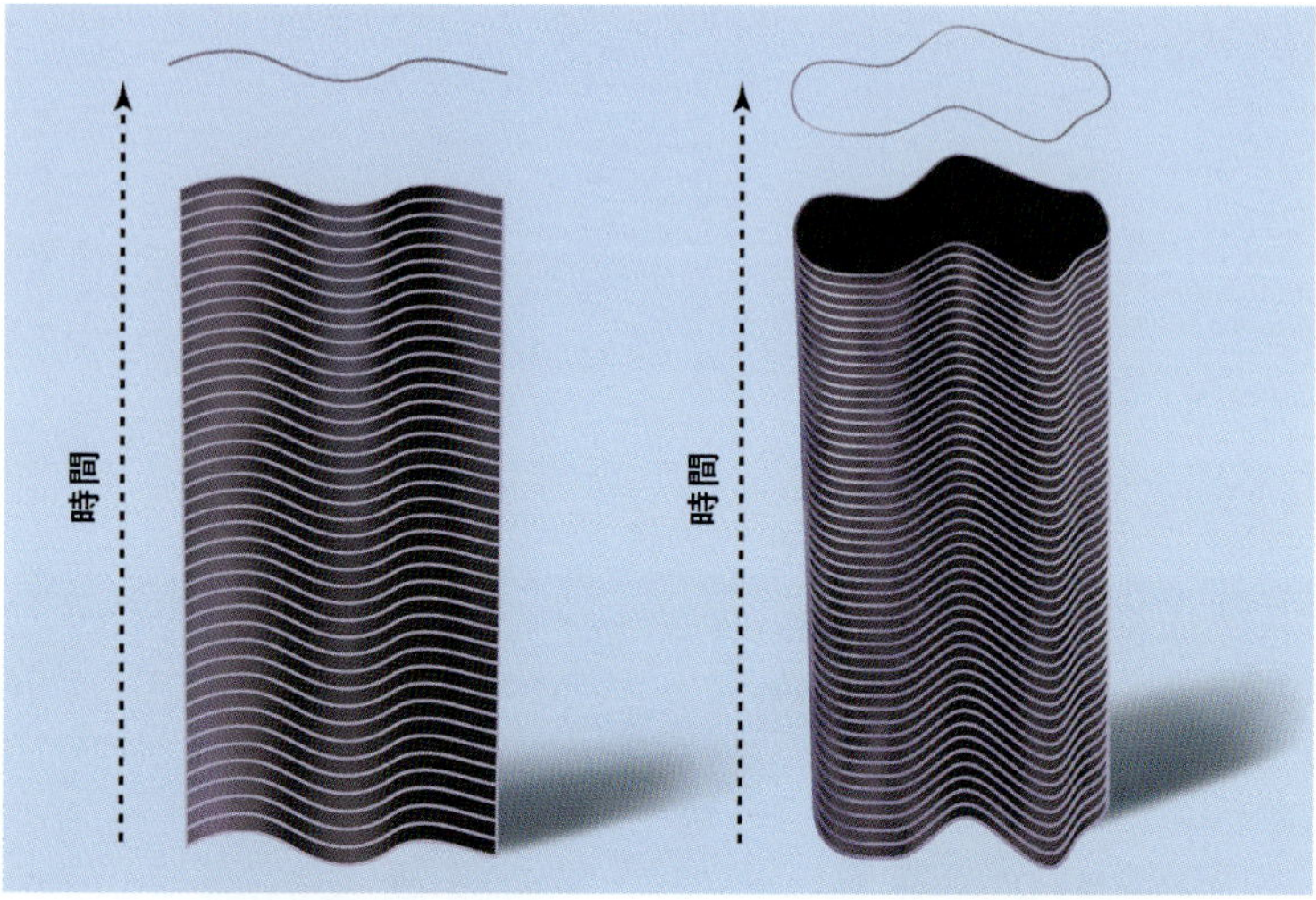

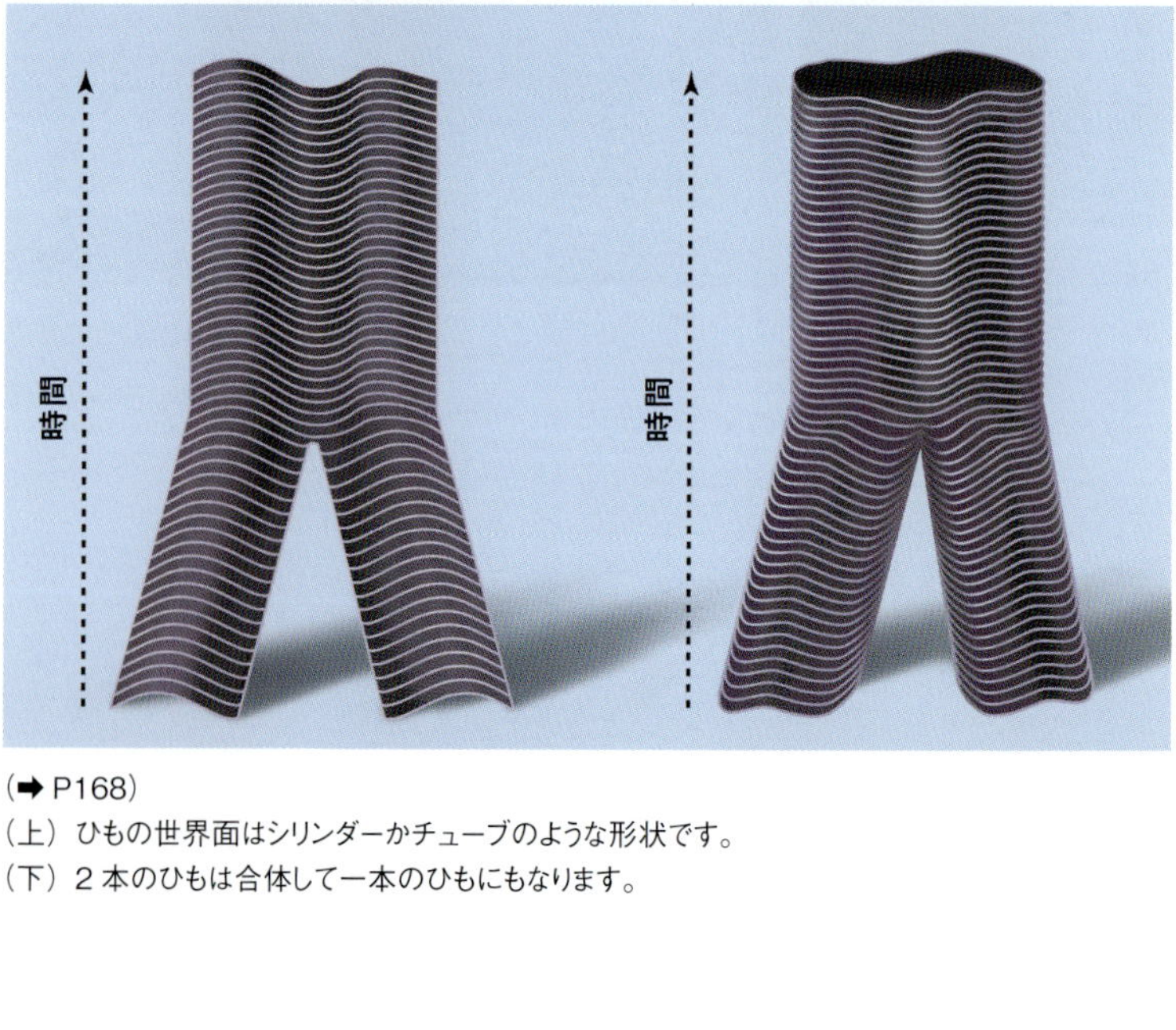

（➡ P168）

（上）ひもの世界面はシリンダーかチューブのような形状です。

（下）２本のひもは合体して一本のひもにもなります。

（➡ P171）われわれが暮らす空間に二つしか次元がなく、ドーナツの表面のように湾曲していると仮定しましょう。三次元を旅することができるとしたら、反対側に行くのにドーナツをぐるっと回っていかずに、まっすぐに突っ切ることができます。

(➡ P172) われわれは空間の余分な次元を見ていません。余分な次元がとても小さいので気づかないのです。同じように遠くから眺めると、オレンジのでこぼこやしわは見えません。

（➡ P172）人間原理は、２次元空間では人類やキリンのような複雑な生命体には不十分だと指摘しています。

本書は、Dove Books & Audio が1993年のケンブリッジ大学での講義を収録し、1994年に刊行されたオーディオブックを基に、1996年に単行本として刊行されたものを翻訳したものです。

THE THEORY OF EVERYTHING
The Origin And Fate Of The Universe
by STEPHEN W. HAWKING

ホーキング 宇宙の始まりと終わり
――私たちの未来

スティーブン・W・ホーキング
向井 国昭 監訳
倉田 真木 訳

青志社

はじめに

本書の一連の講義でわたしは、ビッグバンからブラックホールまで、われわれが考える宇宙の歴史をおおまかに説明していきたいと考えています。

第一回講義では、宇宙についての過去の考え方から現在の考え方に至るまでを簡単におさらいしましょう。これは「『宇宙の歴史』の歴史」と呼んでもいいかもしれません。

第二回講義で取り上げるのは、いかにしてニュートンとアインシュタインの重力理論が宇宙は定常ではありえない、すなわち、膨張するか収縮するかしているはずだという結論に至ったかをお話しします。言い換えるとそれは、一〇〇億から二〇〇億年前に宇宙の密度が無限大だった時代があったということを意味します。それはビッグバンと呼ばれます。宇宙の始まりです。

第三回講義では、ブラックホールのことをお話ししましょう。ブラックホールは、大質量をもつ星やそれよりもっと大きい天体が、自分自身の重力に吸引されて崩壊したときにつくられます。アインシュタインの一般相対性理論によると、うっかりブラックホールに落ちた者はみんな永久に行方不明になります。ブラックホールから再び姿を見せることは、けっしてないからです。それどころか落ちた者にとって、歴史は特異点において身動きのとれない最後を迎えるのです。しかし、一般相対性理論は古典的な理論です——つまり今日の量子力学の不確定性原理は、取り入れられていません。

第四回講義で取り上げるのは、量子力学はブラックホールからエネルギーが放出されることを説明できるということです。ブラックホールは、黒は黒でも真っ黒というわけではありません。

第五回講義では、量子力学の考え方をビッグバンと宇宙の起源に当てはめます。そうすると、時空の大きさは有限ですが、境界や縁はないと考えられます。地球の表面に似ていますが、さらに二つの次元を持っているのです。

第六回講義では、新しい境界仮説を使えば、たとえ物理の法則では時間的に対称であっても、未来と過去がこれほど異なる理由を説明できることを取り上げましょう。

最後に第七回講義では、われわれが量子力学や重力などありとあらゆる物理的作用をすべて説明できる統一理論の発見をめざしていることをお話しします。それが達成できて初めてわたしたちは、宇宙とその中での自分たちの位置を真に理解できるのです。

スティーヴン・ホーキングについて

スティーヴン・ホーキングは、世界でもっとも偉大な頭脳の持ち主の一人であると広く見なされています。優秀な理論物理学者であるホーキングの研究によって、宇宙モデルが再構築され、そこに存在するものが見直されたのです。部屋に腰を下ろして、そうした研究の成果やその歴史的な背景における研究の位置づけについて論じるホーキングの声に耳を傾けているところを想像してください。おそらく、新世界について語るクリストファー・コロンブスの話を聞いているような感覚でしょう。

ホーキングが行った連続七回の講義――ビッグバンからブラックホール、そしてひも理論まで、ありとあらゆることを網羅した講義――には、ホーキングの頭脳の優秀さのみならず、独特のウィットもよく現れています。たとえば、一〇年以上にわたり没頭していたブラックホール研究について、ホーキングはこう評しています。「これは石炭貯蔵庫で黒猫を探すようなものかもしれません」

ホーキングの最初の講義は、アリストテレスの地球は丸いという断定から、宇宙が膨張しつつあるという二〇〇〇年も後のハッブルの発見に至るまで、宇宙のとらえ方の歴史から始まります。それを出発点にして、宇宙の起源についての理論（たとえば、ビッグバン）やブラックホールの状態、あるいは時空といった現代物理学の最先端まで掘り下げていきます。そして最後が、現代物理学でまだ答えの出ていない問題、とりわけ部分的な万物の理論を統合する方法についてです。この理論について、ホーキングはこう断じています。「その答えが見つかれば、人類の理性が究極の勝利を遂げたことになるでしょう」

優秀な科学者であると同時に偉大な科学の普及者でもあるホーキングは、理論科学の進歩は「ごく一部の科学者にだけではなく、だれにでも理解できる大原則になるはず」であると考えています。本書でホーキングは、この宇宙とそこにいるわれわれの居場所をめぐる心躍る発見の旅に誘います。これまでに夜空を見つめ、あそこには何があるのだろう、どうやってできたのだろうと想像をめぐらしたことのあるみなさんのための宇宙への旅なのです。

目次

目次

装丁　岩瀬　隆

第一回講義

宇宙についての考え方

はるか昔の紀元前三四〇年、古代ギリシアの哲学者アリストテレスは、その著作『天体論』に、地球が平たい円盤ではなく丸い球だと信じる二つの理由を挙げました。

第一に、月食は地球が太陽と月の間に入るために起こるのだとアリストテレスは知っていました。月の上に落ちる地球の影がつねに丸いのは、地球が丸いからにほかなりません。もし平たい円盤だとしたら、太陽が円盤中央の真上にないときに月食が起きれば、影は長く伸びた楕円形になるはずだからです。

第二に、ギリシア人は旅の経験から、南の地域では北極星が北よりも空の低い位置に見えることを知っていました。エジプトとギリシアで見える北極星の位置の違いから地球の周囲がおよそ四〇万スタディオンだと推測されていることも、アリストテレスは記しています。当時の一スタディオンの長さがはっきりしていないのですが、おそらく一八〇メートル前後でしょう。ということは、アリストテレスのいう数値は現在一般に知られている数値のおよそ二倍だということになります。

ギリシア人には、地球は丸いと考える第三の根拠もありました。そうでなければ水平線の向こうから現れる船は、どうしてまず帆が見えて、やがて船体が見えるのでしょうか？

もっともアリストテレスは、地球は静止しており、太陽や月、惑星や星が地球の周りの軌道を回っていると考えていました。神秘的な理由から、地球は宇宙の中心であり、円運動は最も完全な運動であると信じていたのです。

その考え方を発展させて宇宙モデルを作り上げたのが、紀元二世紀のプトレマイオスです。地球は宇宙の中心に静止しており、その周りを月、太陽、星、そして当時知られていた五つの惑星の計八つの天球に囲まれているとするものでした。五つの惑星というのは、水星、金星、火星、木星、土星のことです。これらの天球が地球の周りの大きさの違う軌道を周回していると考えれば、空を観測して得られた複雑な軌道を説明できるとしたのです。

いちばん外側を周回するのはいわゆる恒星で、そうした星々は互いの位置関係が決まっており、ともに空を移動していると彼は考えました。恒星のさらに外側がどうなっているのかは不明でしたが、人間には観測できないものと見なされていました。

プトレマイオスのモデルは天体の位置関係について、ある程度は正確でした。けれども位置関係を正確に予測するため、ときたま月は通常の二倍も地球に近い軌道を通ることがあると仮定せざるをえませんでした。そのためには月は、ときどきふだんの二倍の大きさに見えなければなりません。この矛盾にプトレマイオスは気づいていましたが、それでもこのモデルは、すべての人にというわけではありませんが、広く認められました。キリスト教会も聖書の内容と一致するとして、この天球図を認めました。恒星の外側の広大な空間を天国と地獄とみなせるので、彼らにとっては好都合だったのです。

ところが一五一四年、ポーランドの司祭ニコラウス・コペルニクスが、さらにシンプルなモデルを発表します。当初、コペルニクスは異端と非難されるのを恐れ、匿名《とくめい》でこのモデルを出版しました。コペルニクスの考えは、中心に静止しているのは太陽で、地球や惑星がその周りの軌道を回っているというものでした。コペルニクスにとって残念なことに、この考え方はまともに取り上げられることもないままに、一〇〇年近くが過ぎ去ってしまいました。やがて二人の天文学者、ドイツのヨハネス・ケプラーとイタリアのガリレオ・ガリレイが、予測された軌道と実際に観測された軌道とはまるで一致しなかったものの、コペルニクスの説を公式に支持するようになります。アリストテレスやプトレマイオスの天動説の終焉《しゅうえん》は、一六〇九年に訪れました。この年、発明されたばかりの望遠鏡でガリレオが夜空の観測を始めたのです。

木星を観測していたとき、ガリレオは木星の周りを回るいくつかの小さな衛星もしくは月が存在することを発見しました。それはつまり、万物はかならずしもアリストテレスやプトレマイオスが考えたように地球の周りの軌道を回ってはいないということを意味します。もちろん、地球は宇宙の中心で静止していると考える余地はまだ残っていましたが、そうなると木星の周りを回っているように見える月は、とんでもなく複雑な軌道を通って地球を周回していることになります。それにひきかえ、コペルニクスの説は、はるかにシンプルでした。

同時に、ケプラーもコペルニクスの説を修正し、惑星は円ではなく、楕円を描いて動いているのだと主張しました。こうして推論はようやく実際の観測結果と一致するに至りました。実はケプラーにとっては、楕円の軌道というのは単なるその場しのぎの仮説、それも楕円は真円に比べて明らかに不完全なので、自分でも釈然としない仮説でした。偶然に楕円軌道のほうが観測結果に一致することが発見されると、ケプラーは、惑星は磁力により太陽の周りを回っているという自分の考えとの矛盾を説明できなくなりました。

この問題が解決されたのは、はるか後の一六八七年、ニュートンが『自然哲学の数学的諸原理（通称、プリンキピア）』を出版したときでした。おそらくこれは、物理科学の分野で出版された最も重要な論文でしょう。その中でニュートンは、時空間での物体運動についての仮説を提示しているだけでなく、それを分析するために必要な数学を発展させたとも論を進めています。さらに彼は、万有引力の法則についても仮説を打ち立てました。それは、宇宙においてあらゆる物体と物体は、質量が大きいほど、そして互いの距離が近いほど強い力で互いに引き合うというものです。この力は、物体が地面に落ちるときに生じるのと同じものです。ニュートンの頭の上にリンゴが落ちてきたというエピソードは、おそらくつくり話でしょう。ただしニュートン自身は、引力という考えがひらめいたのは座って瞑想《めいそう》にふけっていたときで、たまたまリンゴが落ちてきただけだと語っています。

ニュートンはさらに、この法則にしたがえば、引力によって月は地球の周りの楕円軌道を運行し、地球や惑星は太陽の周りの楕円軌道を運行することを証明しようとしました。コペルニクス・モデルは、宇宙には自然の境界があるというプトレマイオスの天球モデルをお払い箱にしました。地球が太陽の周りを回っても、恒星同士は互いの位置関係を変えているようには見えません。そのため、恒星は太陽と同じような星ですが、もっとずっと遠くにあると考えるのが自然だと見なされました。ここから問題が出てきます。ニュートンは、引力の法則にしたがえば、星も星同士で引き合うはずだと気づきました。だとすれば、星は静止したままでいられるはずがありません。すべての恒星が、いつかはいっせいに引き寄せあっていくというのでしょうか？

一六九一年にニュートンは、もう一人のこの時代を代表する思想家リチャード・ベントリー宛の手紙で、星の数が有限ならこの現象は絶対に起こると主張しています。その一方で、無限の宇宙にほぼ均一に分布している星の数が無限である場合は、引き寄せあう中心点がないのだから起こらないだろう、とも説明しました。この主張は、無限宇宙論が陥《おちい》りやすい落とし穴のひとつです。

無限宇宙の場合、どの方向にも無限の星があるので、どの点でも中心と見なせます。わかるのはずっと後のことなのですが、次のような考え方をすべきでした。まず有限宇宙であれば、すべての星が引き寄せあうはずです。次に、この有限宇宙の外に、ほぼ均一に星を付け加えたらどんな変化が起こるでしょうか。ニュートンの法則にしたがえば、付け加えた星は従来の星とまったく変わらないので、これらの星もあっという間に引き寄せあいます。どれだけ星を付け足しても、やはり星は衝突してしまうことになる。こう考えていけば、つねにお互いが重力で引き合っているような無限の静止宇宙モデルというものは存在し得ないことがわかるわけです。

興味深いことに、一般的な思想として、宇宙が膨張している、もしくは収縮していると指摘した人は二〇世紀以前に一人もいませんでした。広く受け入れられていたのは、宇宙は永遠に静止した状態のまま存在する、あるいは今日わたしたちが目にしているのとほぼ同じように、過去のある時期に創造されたのだとする考え方です。それは一つには、人間には永遠の真理を信じたがる傾向があり、たとえ人間は年をとって死んでいっても宇宙が不変だとわかれば慰《なぐさ》められるからでしょう。

ニュートンの重力理論によれば、宇宙が静止しているはずがないと気づいていた人たちでさえ、宇宙が膨張しているかもしれないとは主張しようとしませんでした。それどころかこの理論を修正して、距離が離れすぎると重力は反発することを証明しようとさえしました。もっともこれは惑星の運行についての考え方に、大きな影響は与えませんでした。ただし近距離の星同士の引力は遠距離の星同士が反発する斥力《せきりょく》によってバランスが保たれているので、無限に広がる星の位置関係は変わらないのだということにされました。

しかしながら、現代のわれわれは、そのような均衡は不安定なものだと考えています。もしある地点の星同士がほんの少し近づいたら、両者のあいだの引力が強まって反発力に勝ります。すると、星同士は互いを引き寄せあい続けることになります。反対に星同士が少し遠ざかると、反発力のほうが引力に勝って、さらに離れていくことになるでしょう。

無限静止宇宙に対するもう一つの反論は、ドイツの哲学者ハインリヒ・オルバースによってなされたものとされています。実際は、ニュートンと同時代のさまざまな人物がこの問題を指摘しており、一八二三年のオルバースの論文で初めてこのテーマに関して説得力のある反論がされたというわけではありませんでした。しかし、これがこの問題を広く知らしめた発端でした。その論点が、無限静止宇宙論では、ほぼすべての視線が星の表面で止まるということにありました。だとしたら、空全体が夜でも太陽が輝いているように明るいはずです。これに対するオルバースの反論は、遠くにある星からの光は星間物質に吸収されて弱くなるというものです。しかしながら、仮にそうであれば、星間物質がやがては星と同じように、光を発するほど高温になっていくはずです。

夜空全体が太陽の表面のように明るく輝くはずだという結論を否定する唯一の方法は、星は永遠に輝いていたのではなく、過去のある時期に光を放ち始めたのだとするものです。その場合、光を吸収する星間物質はまだ発熱していないか、もしくは遠くの星からの光がまだわれわれまで届いていないということになります。そうなると星が最初に光を発するきっかけは何かということが問題になってきます。

宇宙の始まり

宇宙の始まりは、もちろん、遠い昔から議論されてきました。ユダヤ教・キリスト教・イスラム教が伝えるさまざまな初期の宇宙論によると、宇宙はそれほど遠くない過去のある時期に始まったとされています。そしてこの始まりのためには、宇宙の存在を説明する造物主が必要だと考えられました。

もう一つの議論は、聖アウグスティヌスの著書『神の国』によって提示されました。その書で彼は、文明は進歩しているが、それを成し遂げ技術を発達させたのはわれわれであると指摘しました。だから人類は、おそらくは宇宙も、それほど古くから存在するわけではない、さもなければわれわれは今以上に進化していていいはずだからというのです。

聖アウグスティヌスは、『創世記』から宇宙の起源は紀元前五〇〇〇年前後だと見なしました。興味深いのは、それが最終氷河期が終わった約一万年前からそう遠くない時期で、実際に文明が始まった時期だということです。一方、アリストテレスをはじめとする古代ギリシアの哲学者の大半は、創世論を受け入れませんでした。神による干渉が多すぎたからです。そのため彼らは、人類と人類を取り巻く世界はすでに存在していた、そして永遠に存在すると考えました。進化の問題についてもすでに検討しており、人類の文明が無に帰すほどの未曾有《みぞう》の大洪水か大災害が起こったという言い伝えがその答えだと結論づけていたのです。

多くの人々が基本的に宇宙は静止していて不変だと考えていた時代では、宇宙創造は形而上学や神学の問題になっていました。どちらの考えも、もっともらしく思えました。宇宙は永遠に存在するとも、またはある時期に、あたかも永遠に存在していたかのように創造されたとも思えたからです。ところが一九二九年、アメリカの天文学者エドウィン・ハッブルが、遠くの星がわれわれから急速に遠ざかっている様子がどこからでも見える画期的な望遠鏡を作りました。宇宙は膨張していたのです。すなわち過去には、それぞれの物体はもっと近くに存在したことになります。それどころか、一〇億から二〇億年前、すべての星はまったく同じ場所にあった時代があるとも考えられます。

この発見は最終的に、宇宙の起源の問題を科学の分野のものとしました。ハッブルの望遠鏡は、宇宙が無限に小さく高密度だった、いわゆるビッグバンの時代が存在したことを示しています。たとえこの時期以前に何かが起きても、それが現代に影響をおよぼすことはなかったでしょう。ビックバン以前の出来事は、たとえあったとしても観測可能などんな帰結も持たないので無視することができます。

ビッグバン以前の時間はそもそも定義できないという意味で、時間はビッグバンで始まったといってもよいでしょう。ただし、時間の始まりがこれまでに考えられていたものとはまったく異なっているということは強調されるべきです。定常宇宙においては、時間の始まりとは宇宙の外に存在する何者かによって与えられなければならない何かです。始まりに物理的必然性はありません。どの時点も神が宇宙を創造されたときと考えることができます。一方、もし宇宙が膨張しつつあるなら、始まりがなければならない物理的理由があるでしょう。その場合でも、神はビッグバンの瞬間に宇宙を創造されたと信じることができるでしょう。神は、一見ビッグバンが起こったかのように見えるように、後のある時点で宇宙を創造したと考えることさえできます。しかしながら、宇宙がビッグバン以前に創造されたと考えるのは無意味です。つまり、膨張宇宙は創造主を排除はしませんが、その創造主が仕事を終えた時点に限界を設けます。

第二回講義

膨張する宇宙

太陽とその周辺の星はみな、天の川銀河と呼ばれる膨大な数の星の集まりの一部です。長年、宇宙はそれですべてだと考えられていました。一九二四年になってようやく、エドウィン・ハッブルがわれわれの銀河は唯一の銀河ではないと証明します。実際はほかにもいくつも存在し、銀河と銀河のあいだには何もない広大な空間が広がっていました。それを証明するためには、そうしたほかの銀河までの距離を測定する必要がありました。近くの星までの距離は、地球が太陽の周りを回るにつれて変化する星の位置を観測すればわかります。しかしながらほかの銀河はとても遠いので、近くの星とは違って、動いていないように見えてしまいます。そのためハッブルはやむなく間接的な測定法を用いました。

今では星の見かけの明るさは、二つの要素によって決まります。光度とわれわれからの距離です。近くの星は見かけの明るさと距離を測定できるので、その星の光度を計算できます。逆にほかの銀河の星の光度がわかれば、見かけの明るさを測定することで距離が計算できるのです。ハッブルは、測定できる距離にある星のなかには、つねに同じ光度を示す特定の種類の星があると主張しました。したがって、ほかの銀河のなかにそのような星々が見つかれば、それらの光度は等しいとおくことができます。こうして、その銀河までの距離が算出できます。その同じ銀河内のたくさんの星にこの方法を当てはめ、同じ距離を示す計算結果がつねに得られるならば、この推定値はかなり信頼できます。このような方法でエドウィン・ハッブルは、九つの異なる銀河までの距離を算出しました。

今では、われわれの銀河は数千億の銀河のひとつであることがわかっています。現代の望遠鏡を使えば、それぞれの銀河に数千億の星があることが確かめられます。われわれが暮らしている銀河は直径が約一〇万光年あり、ゆっくりと回転しています。銀河の渦巻腕にある星は、銀河の中心を約一億年かけて一周します。太陽は、一方の渦巻腕の外側の縁近くにある平凡で平均的な大きさの黄色星にすぎません。地球が宇宙の中心であると考えていたアリストテレスやプトレマイオスの時代から、われわれはじつに長い年月をかけてここまでたどり着きました。

星ははるかかなたにあるので、わたしたちからはピンの先ほどの光にしか見えません。星の大きさや形まではわかりません。それならどうやって星をさまざまな種類に分類しているのでしょう？　大多数の星には目で確認できる特徴がひとつだけあります。光の色です。ニュートンは、太陽からの光をプリズムに通すと虹のような色の成分「スペクトル」ごとに分かれることを発見しました。個々の星や銀河を望遠鏡でよく見ると、星や銀河からも同じように光のスペクトルが出ているのがわかります。

個々の星には固有の光のスペクトルがありますが、個々の色のなかで比較的明るく輝いているのはまず間違いなく、赤く燃える高温の天体から放たれた光です。つまり光のスペクトルから星の温度がわかります。さらに星のスペクトルには特定の色が欠けていること、その欠けている色は星によってさまざまであることがわかります。各化学元素は、それぞれ特定の組み合わせの色を吸収します。ですからそれぞれの星のスペクトルに欠けた色を吸収する化学元素に照らせば、星の大気に含まれる成分が正確にわかります。

天文学者がほかの銀河の星のスペクトルを観測し始めた一九二〇年代、ひどく奇妙なものが発見されました。われわれの銀河の星に共通の特定の欠けた色があり、しかもいずれも同じ程度にスペクトルの赤色の端に偏っていました。これに対する唯一説得力のある説明は、銀河がわれわれから遠ざかっているので、星からの光の波長が弱まっている、つまりドップラー効果によって赤に偏移しているというものでした。道を通り過ぎる車の音に耳を傾けてください。車が近づいてくるにつれ、エンジン音は高くなり、遠ざかるにつれ低くなります。光や電波にも同じような性質があります。実は警察は、ドップラー効果を利用して、跳ね返ってくる電波の周波数で車の速度を測定しています。

ほかの銀河の存在を証明してから数年間、ハッブルはほかの銀河までの距離の目録の作成とほかの銀河のスペクトルの観測に時間を費やしました。当時、大半の人々は銀河はきわめて不規則に動き回っていると考えていました。そのため、赤に偏った星だけでなく青に偏った星も数多く発見されるだろうとも考えていました。ですから、銀河はみな赤に偏移しているように見えるという発見にとても驚きました。どの銀河もみな、われわれから遠ざかりつつあることがわかったからです。ハッブルは一九二九年にさらに驚くべき研究結果を発表しました。銀河の赤方偏移の度合は不規則ではないどころか、われわれの銀河からの距離に正比例するというのです。言い換えれば、遠くの銀河ほど速いスピードで遠ざかっているということです。それまでだれもが考えていたように、宇宙は静止していないばかりか、実際には膨張しつつあることを意味します。銀河と銀河のあいだの距離はたえず広がっているのです。

宇宙が膨張しつつあるという発見は、二〇世紀最大の知的革命のひとつです。今になってみれば、それまでだれ一人そう考えなかったのはなぜなのか不思議に思えます。ニュートンをはじめとする天文学者は、静止宇宙はやがて重力の影響を受けて収縮し始めると気づいてしかるべきでした。ともあれ仮に、宇宙は静止しているのではなく膨張していると考えてみましょう。宇宙がきわめてゆっくり膨張しているなら、重力の作用で最終的に膨張は止まり、ついで収縮を始めます。しかし臨界速度以上のスピードで膨張しつつあるなら、重力の作用は膨張を止めるほど強くありませんので、宇宙は永遠に膨張を続けることになります。これに少し似ているのが、地表からロケットを打ち上げたときの現象です。ロケットのスピードがきわめて遅ければ、重力の作用でやがてロケットは止まり、落下し始めます。一方、ロケットのスピードが臨界速度（秒速約一一キロ）以上なら、重力の作用はロケットを落下させるほど強くありませんので、ロケットは地球から永遠に遠ざかっていきます。

こうした宇宙の性質がニュートンの重力理論から予測されるのは、一九世紀か一八世紀のいつであっても、さらには一七世紀の末であってもおかしくありませんでした。ところが静止宇宙という考え方があまりに根強かったので、二〇世紀初頭まで手つかずでした。一九一五年に一般相対性理論を発表してもなお、アインシュタインは宇宙は静止しているはずだと信じていました。そのため静止宇宙の考え方を可能にしようと自らの理論を修正し、いわゆる宇宙定数を方程式に加えました。宇宙定数にある「反重力」という新しい力には、ほかの力とは違って特定の発生源はありませんが、時空の構造そのものに組み込まれました。この宇宙定数によって、時空は膨張する性質をもち、さらに静止宇宙という解が得られるように宇宙のあらゆる物質の引力とちょうどバランスがとれました。

一般相対性理論を額面通りに受け取ろうとしたのは、どうやら一人しかいなかったようです。アインシュタインをはじめとする物理学者たちが非静止宇宙という一般相対性理論から導き出される予測を回避しようとしているあいだに、ロシアの物理学者アレクサンドル・フリードマンは非静止宇宙の解明に取り組みました。

フリードマン・モデル

一般相対性理論の方程式は、宇宙が時間とともにどのように進化するかを導き出すものですが、複雑すぎて詳細な解が出せません。そこでフリードマンは代わりに、宇宙についてごく単純な二つの仮説を立てました。われわれがどの方向を見ても宇宙は同一に見えるという仮説と、われわれがどこから宇宙を見てもやはり同一であるという仮説です。一般相対性理論とこの二つの仮説をもとに、フリードマンは宇宙が静止しているとは考えられないと主張しました。それだけでなくエドウィン・ハッブルが発見する何年も前の一九二二年に、フリードマンはハッブルが発見することを正確に予測していました。

宇宙はどの方向を見ても同一に見えるという仮説は、実際には明らかに正しくありません。たとえばわれわれの銀河のほかの星は、天の川と呼ばれる光の帯をくっきりと夜空に描いています。しかし遠くの銀河を見るならば、どの方向にもほぼ同じ数の銀河があるように見えます。つまり銀河間の距離くらい大きなスケールで眺めた場合、宇宙はどの方向を見てもほぼ同じに見えます。

このことが長い間、実際の宇宙の粗い近似としてのフリードマン仮説の十分な正当化でした。現実の宇宙と大きく違っていなかったからです。ところが最近になって幸運な偶然から、フリードマンの仮説が実にきわめて正確に宇宙をとらえていることが明らかになります。一九六五年、二人のアメリカ人物理学者アルノ・ペンジアスとロバート・ウィルソンは、ニュージャージー州のベル研究所で周回軌道衛星と通信するための超高感度マイクロ波の受信アンテナの設計に取り組んでいました。アンテナが予想外の雑音を拾い始め、しかもその雑音が特定の方向から発信されているわけではなさそうなことに気づいた二人は悩みました。まずアンテナに鳥のフンが落ちていないか探し、そのほか考えられる故障も点検しましたが、すぐにそれが原因ではないことがわかりました。大気の中から発生する雑音ならば、アンテナを真上に向けないほうが真上に向けるよりも強く聞こえるはずです。垂直に対して角度をつけるほうが大気が厚くなるからです。

予想外のその雑音はアンテナをどの方向に向けても同じように聞こえたので、発信源は大気圏外に間違いありません。しかも地球は自転しながら太陽の周りを公転しているのに、雑音は一年中昼も夜も同じように聞こえました。それは雑音が太陽系の外から、さらには銀河系の外から放射されたことを示していました。そうでなければ地球の運行によってアンテナがいろいろな方向を向くことで、雑音が変化するはずだからです。

事実、放射された雑音は観測可能な宇宙の大半をはるばる旅してわれわれのもとに届いたということがわかっています。アンテナをどちらに向けても同じように聞こえるのですから、少なくとも大きなスケールでとらえた宇宙は、どの方向を向いても同一であるはずです。今ではわれわれがどの方向を向いても、その雑音が変化するのは一万か所に対して一か所未満であることもわかっています。ペンジアスとウィルソンは、フリードマンの最初の仮説がきわめて正確であったことをはからずも証明しました。

ほぼ同じ時期に、二人のアメリカ人物理学者ボブ・ディッケとジム・ピーブルズも、ほど近いプリンストン大学でマイクロ波の研究に取り組んでいました。二人はアレクサンドル・フリードマンのかつての教え子ジョージ・ガモフの主張した、初期の宇宙は非常に高温かつ高密度で白熱していたという説をもとにしていました。ディッケとピーブルズは、初期宇宙のはるかかなたからの光がようやく今、われわれのところに届くのだから、われわれはその白熱した光を見ることができると主張しました。けれども宇宙が膨張している作用で、その光は大きく赤方偏移しているためにわれわれにはマイクロ放射波に見えるというのです。ディッケとピーブルズがそのマイクロ波を探していたとき、ペンジアスとウィルソンは彼らの研究について耳にし、自分たちがすでにそのマイクロ波を発見したことを知りました。そのおかげでペンジアスとウィルソンは一九七八年にノーベル賞を受賞するのですから、ディッケとピーブルズにとってはややつらい出来事だったようです。

一見すると、われわれがどの方向から見ても宇宙は同じに見えるというこうした証拠はすべて、われわれのいる場所が宇宙の中できわめて特殊であることを示しているように思えます。とくにほかのあらゆる銀河がわれわれから遠ざかっているのを観測すると、われわれは宇宙の中心にいるに違いないと思うかもしれません。しかし、ほかの説明もできます。ほかのどの銀河から見ても、宇宙はどの方向からも同じに見えるのかもしれないのです。前述のとおり、これはフリードマンの第二の仮説です。

この仮説の科学的証拠は、支持するものも、反論するものもひとつもありません。もっともらしいというだけで、そう信じられているのです。もしわれわれの周りの宇宙はどの方向も同じに見えるのに、宇宙のほかの場所から見回すと同じに見えないとしたら、ひどくおかしなことです。フリードマンの宇宙モデルでは、すべての銀河は互いにどんどん遠ざかりつつあります。水玉模様がびっしり描かれた風船が少しずつ膨らんでいくような状態です。風船が膨らむにつれ、二つの水玉のあいだの距離は広がりますが、膨らんでいく風船の中心はこれだといえる水玉はありません。しかも水玉同士は離れれば離れるほど、離れるスピードが速くなります。同じようにフリードマン・モデルでも、二つの銀河が遠ざかるスピードは、あいだの距離に比例します。ですからまさにハッブルが発見するように、銀河の赤方偏移はわれわれからの距離に正比例すると予測できたのです。

フリードマンは宇宙モデルで成功し、ハッブルの観測で予測を裏づけられたにもかかわらず、欧米社会でその功績はあまり知られていませんでした。知られるのは、宇宙は均一に膨張するというハッブルの発見を受けて、アメリカの物理学者ハワード・ロバートソンとイギリスの数学者アーサー・ウォーカーが同様のモデルを発見する一九三五年になってからのことです。

フリードマンが見つけたモデルはひとつでしたが、実際にはフリードマンの二つの基本仮説にしたがうと、三種類の異なるモデルがあります。ひとつめはフリードマンが発見したモデルで、宇宙はゆっくり膨張しているので、銀河と銀河のあいだの重力によって膨張のスピードは落ち、最終的に止まるというものです。銀河はやがて互いに近づきだし、宇宙は収縮します。隣り合う銀河のあいだの距離はゼロからスタートして最大限に広がると、やがてまたゼロへと縮まります。

二つめの解は、宇宙は速く膨張するので、速度をわずかに落としはしても、重力で膨張を止めることはできないというものです。このモデルでは、隣り合う銀河間の距離はゼロから始まり、最終的に銀河同士は一定のスピードで離れていきます。

最後に三つめの解は、宇宙は破裂しない程度のスピードで、やはり膨張しているというものです。その場合、銀河間の距離はゼロからスタートして永遠に開き続けます。ただし銀河同士が遠ざかるスピードはゼロにまでは落ちませんが、少しずつ遅くなります。

ひとつめのフリードマン・モデルの注目すべき特徴は、宇宙は無限の空間ではないけれど、その空間には境界もないという点です。重力がとても強いので、空間は湾曲し、地球の表面のようになります。もし地球の表面を一定方向に旅を続ければ、乗り越えられない障害物にぶつかったり崖から落ちたりすることはなく、いずれはスタート地点に戻ってきます。フリードマンの第一のモデルの空間もちょうどそんな状態ですが、二次元の地表とは違って三次元です。第四の次元である時間もやはり長さは有限ですが、線分のように始まりと終わりがあります。今後の講義でも取り上げますが、一般相対性理論と量子力学の不確定性原理を結びつけると、時間と空間の両方が末端や境界がなく、しかも有限である可能性があります。宇宙をぐるりと回るとスタート地点に帰りつくという考え方は、SFとしてはおもしろいでしょう。ですがスタート地点に帰ってくる前に宇宙は再崩壊してゼロに戻るわけですから、あまり現実味はありません。宇宙が終わりを迎える前にスタート地点に戻るには、光よりも速いスピードで旅をする必要がありますが、そんなことはあり得ません。

それでは、宇宙を説明しているのはどのフリードマン・モデルなのでしょうか？　宇宙は最終的に膨張をやめて収縮し始めるのでしょうか？　それとも永遠に膨張し続けるのでしょうか？　この問いに答えるには、現在の宇宙の膨張率と平均密度を知る必要があります。密度が膨張率によって決まる臨界値よりも低いと、重力が弱すぎて膨張を止められません。一方、密度が臨界値より高ければ、将来いずれ重力によって膨張は止まり、宇宙はふたたび崩壊するでしょう。

現在の膨張率は、ドップラー効果を利用してほかの銀河がわれわれから遠ざかっていく速度を測ることで得られます。きわめて正確に割り出せます。ただし間接的にしか速度を測れないので、ほかの銀河までの距離が高い精度でわかっているとはいえません。ですからわれわれにわかっているのは、宇宙が一〇億年に五から一〇パーセントの割合で膨張していることだけです。しかしながら、宇宙の現在の平均密度については、さらによくわかっていません。

われわれの銀河やほかの銀河に見えるすべての星の質量を足しましょう。しかし膨張率をいちばん低く見積もったとしても宇宙の膨張を止めるのに必要な質量の一〇〇分の一にもなりません。それでも、われわれの銀河やほかの銀河にダークマターと呼ばれる大量の暗黒物質があることはわかっています。暗黒物質は直接見ることはできませんが、星の軌道や銀河のガスへの重力の影響から存在するはずだということはわかっています。それに加えて、ほとんどの銀河は銀河団のなかで見つかっています。銀河の運動に現れる効果から、同様にして、銀河と銀河のあいだにはさらに多くの暗黒物質が存在すると推論できます。この暗黒物質の質量をすべて合計してもやはり、宇宙の膨張を止めるのに必要な質量の一〇分の一にしかなりません。けれども、われわれが検出していない別の種類の物質もまだあるかもしれませんし、その物質が膨張を止めるのに必要な臨界値まで宇宙の平均密度を上げるかもしれません。

したがって、現在の証拠が示すのは、おそらく宇宙が永遠に膨張するだろうということです。とはいえ、それを当てにするわけにはいきません。確実なことは、宇宙が再崩壊に向かうとしても、少なくともあと一〇〇億年は再崩壊しないということです。というのは、少なくともそれだけの長い間、宇宙は膨張を続けてきたからです。われわれ人類が太陽系の外に移住していないかぎり、そのときまで必要以上に心配することはありません。人類は太陽の死滅とともに、とっくに一人残らず死に絶えているでしょうから。

ビッグバン

フリードマンの解はいずれも、二〇〇億から一〇〇億年前までの過去のある時点で隣り合う銀河の距離がゼロになったことがあるという特徴を持っています。われわれがビッグバンと呼ぶそのとき、宇宙の密度と時空の曲率は無限だったはずです。ということは、フリードマンの解のベースになっている一般相対性理論は、宇宙に特異点があることを予測していることになります。

　われわれの科学理論はすべて、時空は滑らかでほぼ平坦であると仮定した上で成り立っています。ですから、時空の曲率が無限大であるビッグバン特異点では、すべての理論が破綻《はたん》してしまいます。したがって、ビッグバン以前に事象が起こっていたとしても、それ以降の事象を予測する手がかりにはできません。ビッグバンで予測の可能性が断ち切られてしまうからです。同じように、もしわれわれがビッグバン以降の出来事しか知らないとしたら、ビッグバン以前の出来事を決定することはできません。少なくともわれわれはビッグバン以前の事象をその後の出来事と関連づけられないのですから、ビッグバン以前の事象から科学的な宇宙モデルを組み立てることはできません。そのため、宇宙モデルからビッグバン以前の事象を除外し、時間はビッグバンから始まったと言わなければなりません。

　時間に始まりがあるという考え方を好まない人はたくさんいます。おそらく神の介入を思わせるからでしょう（一方、カトリック教会はビッグバン・モデルに飛びつき、一九五一年には公式に聖書に一致すると宣言しました）。ビッグバンがあったという結論を避けようと、多くの理論が唱えられました。なかでも広い支持を得た理論は、定常宇宙論と呼ばれるものです。一九四八年にこの説を唱えたのは、ナチス占領下のオーストリアから亡命してきたヘルマン・ボンディとトーマス・ゴールドの二人、そしてブリトン・フレッド・ホイルでした。ホイルは戦時中、二人とともにレーダー開発に携わっていました。定常宇宙論は、銀河が互いに遠ざかるにつれ、銀河のあいだの空間に絶え間なくつくり出されている新しい物質から新たな銀河がつくり出されるという考え方です。宇宙はいつでも宇宙のどの点からもほぼ同じに見えるというのです。

定常宇宙論で、絶え間なく物質がつくり出されているとするには一般相対性理論の修正が必要でした。しかし問題の修正率はごくわずかだったので（一立方キロメートルにつき年に一粒子）、実際の観測値と矛盾しませんでした。定常宇宙論はシンプルで観測によって検証できる明快な予測である点で、科学理論としてよくできていました。そうした予測のひとつは、一定の空間体積ごとの銀河や類似体の数は、われわれがいつ、どこから宇宙を観測しても同じになるはずだというものでした。

一九五〇年代末から一九六〇年代初頭にかけて、マーティン・ライル率いる天文学者グループが、ケンブリッジで宇宙空間からの電波の発生源を測定しました。ケンブリッジ・グループは、大半の電波源はわれわれの銀河の外にあること、また強い電波源より弱い電波源のほうが多いことを明らかにします。そして弱い電波源は遠くにあり、強い電波源は近くにあると解釈しました。すると、空間体積当たりの電波源の数は遠くよりも近くのほうが少ないように見えます。

これは、われわれがいるのが宇宙のなかでほかの領域よりも電波源が少ない特別な領域の中心である可能性を示していました。もう一つ、電波源は過去のほうがはるかに多かった可能性もあります。その時代には、はるかかなたのわれわれまで届く電波が、今よりもたくさんあったのかもしれません。どちらの説明も、定常宇宙論の予測と矛盾します。しかも、ペンジアスとウィルソンが一九六五年に発見したマイクロ波放射は、宇宙は過去には今より密度がずっと高かったはずだと明らかにしました。そのため、定常宇宙論は残念ながら放棄されました。

ビッグバン、ひいては時間に始まりがあったという結論を避けるため、一九六三年、ロシアの科学者エフゲニー・リフシッツとイサアク・ハラトニコフは新たな理論を提唱しました。ビッグバンはフリードマン・モデルだけの特有なことかもしれないし、いずれにせよ現実の宇宙の近似値にすぎないと主張しました。現実の宇宙の近似値を示すあらゆるモデルのなかで、ビッグバン特異点を含むのはひょっとしたらフリードマン・モデルだけではないかというのです。フリードマンのモデルでは、銀河はすべて互いに遠ざかっています。ですから当然のことながら、過去のある時点で銀河はすべて同じ場所にあったことになります。しかしながら現実の宇宙では、銀河は互いにまっすぐに遠ざかっているだけではなく、小さな横向きの速度もあります。ですから実際には、銀河がすべてまったく同じ場所にあったというよりは、ごく近い場所に集まっていたと考えたほうがよいでしょう。だとすると、現在の膨張しつつある宇宙は、ビッグバン特異点でなく、それ以前の収縮期から始まったのかもしれません。宇宙の崩壊にともなって、宇宙の粒子すべてが衝突し合うわけではなく、すれ違って遠ざかり、現在の宇宙の膨張を生み出したものもあるかもしれません。それでは、現実の宇宙がビッグバンから始まったのかどうか、どうしたら確かめられるでしょうか？

リフシッツとハラトニコフが取り組んだのは、フリードマンのモデルにほぼ近いけれども、現実の宇宙の銀河の不規則性やランダム速度を考慮した宇宙モデルの研究でした。そうしたモデルは、もはや銀河は互いにまっすぐ遠ざかっているわけではないものの、宇宙はビッグバンで始まった可能性があると示していました。ところが二人は、そうなる可能性があるのは銀河がすべてうまく動いている特異点のある例外的なモデルだけだというのです。ビッグバン特異点のないフリードマンの類似モデルのほうがあるモデルよりも比べものにならないほど多いようなので、ビッグバンがあった可能性はきわめて低いと結論せざるを得ないと主張しました。ところが後ほど二人は、特異点を持ちつつも、銀河が何らかの特別な動きをする必要のないフリードマンの類似モデルからなる、はるかに一般的なクラスが存在することに気づきます。そのため二人は、一九七〇年に自分たちの主張を撤回します。

リフシッツとハラトニコフの業績には価値があります。一般相対性理論が正しければ、宇宙に特異点、すなわちビッグバンがあった可能性を示しました。しかしながら、決定的な疑問を解決してはいませんでした。一般相対性理論はわれわれの宇宙にビッグバンがあり、時間に始まりがあることを予測しているのか、という疑問です。その答えは、イギリスの物理学者ロジャー・ペンローズが一九六五年にまったく別のアプローチで導き出しました。ペンローズは一般相対性理論での光円錐の性質と、重力がつねに引力であることを利用して、自分の重力で崩壊する星は最終的に境界がゼロの大きさに収縮する領域に閉じこめられることを示しました。つまりその星のすべての物質は体積ゼロの領域に圧縮されるので、物質の密度と時空の曲率は無限大になるということです。言い換えれば、時空の領域のなかにはブラックホールとして知られる特異点があります。

一見、ペンローズの結論は過去にビッグバン特異点があったかどうかという疑問について何も答えていないように見えます。一方、ペンローズがこの定理を発表した当時、わたしは大学院生で、博士論文を書き上げるためのテーマ探しに躍起になっていました。宇宙の現在の大規模構造が大まかにフリードマン・モデル的なものであるならば、崩壊が膨張になるように時間の方向を反転させてもペンローズの定理の条件は依然として成り立つことに私は気がつきました。ペンローズの定理では、崩壊しつつある星は特異点で終わるはずです。ですから時間を逆向きにすれば、フリードマンのような膨張宇宙は特異点で始まるはずです。技術的な理由で、ペンローズの定理では宇宙は無限空間で無限であることが仮定されました。この定理を使ってわたしは、宇宙が再崩壊するのを避けられるくらい速いスピードで膨張している場合にかぎり、特異点があるはずだということを証明しました。なぜならば、その場合にかぎりフリードマンモデルは無限空間だからです。

それから数年かけて、特異点があるはずだと証明したこの定理からいろいろな技術的条件を取り除くために、わたしは新しい数学的手法を開発しました。最終結果が一九七〇年のペンローズとの共著論文です。そこで、一般相対性理論が正しく、かつわれわれの観測して得た量の物質が宇宙に実際にありさえすれば、ビッグバン特異点があったはずだということを証明しました。

わたしたちの研究にはたくさんの反論がありました。そのなかには、リフシッツとハラトニコフが敷いた公式見解を踏襲するロシア人からのものもあれば、特異点という考え方そのものが不愉快でアインシュタインの理論の美しさを損なうと考える人からのものもありました。けれども、だれもこの数学的定理に本気で異論を唱えることはできません。ですから今は、宇宙には始まりがあったはずだという考え方が広く受け入れられています。

第三回講義

ブラックホール

「ブラックホール」という言葉は、ごく最近できたものです。少なくとも二〇〇年前までさかのぼるある考え方を表すために、アメリカの科学者ジョン・ホイーラーが一九六九年に作った造語です。当時、光については二つの説がありました。ひとつは光は粒子でできているという説、もうひとつは波でできているという説です。今は、実はどちらの説も正しかったことがわかっています。量子力学の波動／粒子の二重性によって、光は波動とも粒子とも見なせます。光は波でできているという説をとると、光が重力にどのような影響を受けるのかはっきりしません。しかし、光が粒子でできているとするなら、大砲の弾やロケットや惑星と同じように重力に影響を受けることが予想できます。

この仮説に基づいて、ケンブリッジ大学の重鎮ジョン・ミッチェルは、一七八三年、『ロンドン王立協会哲学紀要』に論文を発表し、そのなかで、十分な質量と密度のある星は光が脱出できないほど強い重力場をもつと指摘しました。星の表面から放出されるどんな光もあまり遠くまで達しないうちにその星の重力に引き戻されてしまうというのです。ミッチェルは、このような星は数多く存在するだろうとも指摘しています。そういう光はわれわれまで届かないので目にすることはできませんが、それでも重力の影響を受けています。そうした物体を、現在われわれはブラックホールと呼んでいます——宇宙の黒い虚無空間です。

同じような説を数年後にフランスの科学者ピエール＝シモン・ラプラス侯爵も主張しましたが、どうやらミッチェルとは無関係だったようです。たいへん興味深いことに、ラプラスは自著『世界の体系』の初版と第二版にはこの説を入れていますが、それ以降の版からは削除しています。あまりにも狂気じみていると判断したのでしょう。実際、光の速度は一定なのですから、光をニュートンの重力理論の大砲の弾のように扱うことには矛盾があります。地上から上向きに発射された大砲の弾は、重力でしだいに速度が遅くなり、最後には停止して落ちてきます。ところが、光の粒子のほうは一定の速さで上向きに進み続けるはずです。だとしたら、ニュートンの重力は光にどんな影響を与えるというのでしょうか？　重力の光への影響についての整合性のある説は、一九一五年にアインシュタインが一般相対性理論を発表するまで待たれました。それ以降も、大質量の星にとってこの説にどんな意味合いがあるか解明されるまでには長い時間がかかりました。

ブラックホールの成り立ちを理解するには、まず星のライフサイクルを理解する必要があります。ほとんどが水素からできている大量のガスが重力によって凝縮し押しつぶされ始めると、星が生まれます。星が収縮するにつれ、ガスの原子はますます激しく、高速で衝突し合うようになります。するとガスの温度は徐々に上がっていきます。最終的にガスがかなりの高温になると、水素原子は互いに衝突しても反応しなくなり、代わって水素原子同士が合体してヘリウム原子ができます。水素爆弾製造の過程にも似たこの反応で放出された熱で、星は輝きます。放出された熱によって、重力とつり合いがとれるまでガスの圧力は高まり、ガスはそこで収縮を止めます。これとやや似ているのがゴム風船で、ゴム風船は風船を膨らませようとする内部気圧と縮ませようとするゴムの張力とのバランスがつりあった状態にあります。

星もこのようにして、核反応で出る熱と重力とのバランスを長い間維持しますが、最後には水素を主とする核燃料を使い果たしてしまいます。なお逆説的ですが、はじめにもっている燃料が多ければ多いほど、星はそれを早く使い果たします。これは、星の質量が大きければ大きいほど、重力とバランスをとるのに高い熱が必要になるからです。太陽にはおそらくあと五〇億年ほどはもつ燃料があるでしょうが、もっと重い星はたった一億年で使い果たすこともあります。それは宇宙の年齢に比べればはるかに短い寿命です。星は燃料を使い果たすと冷却を始め、同時に収縮も始めます。そのつぎの段階がわかるのは、一九二〇年代末になってからのことでした。

一九二八年、インドの大学院生スブラマニヤン・チャンドラセカールは、ケンブリッジ大学でイギリスの天文学者サー・アーサー・エディントンの教えを受けるために、イギリスに向けて出港します。エディントンは一般相対性理論の専門家でした。あるエピソードによると、一九二〇年代初頭にエディントンは一般相対性理論を理解しているのは世界に三人しかいないそうですねとジャーナリストに問われ、こう答えたといいます。

「三番目がだれか思い当たらないのだが」

インドからの船旅の途中、チャンドラセカールは燃料を使い果たした後でも重力に抵抗して収縮せずにいられるのはどのくらいの大きさの星かを解き明かします。その考えはこうでした。星が小さくなると、物質の粒子は互いに緊密に近づきます。しかしパウリの排他原理にしたがえば、二つの物体粒子は同じ位置に同じ速度で存在することはできません。物体の粒子はそれぞれまったく異なる速度で運動しなければなりません。二つの粒子は互いに遠ざかり、星を膨張させる働きをします。そのため星は、重力と排他原理によって生じる斥力とのバランスをとって一定の半径を保てるようになります。星のライフサイクルの早い時期と同じように、重力が熱によってバランスをとることができます。

しかしながらチャンドラセカールは、排他原理の定める斥力に限界があることにも気づいていました。相対性理論は、星のなかの物質粒子の速度差を最大で光の速さまでと制限しています。これは、星の密度が十分に高くなると、排他原理によって生じた斥力は引力を下回ってしまうということです。チャンドラセカールは、太陽の一・五倍以上の質量の星は自分自身の重力に耐えきれないと計算しました。この限界質量は現在、チャンドラセカール限界と呼ばれています。

これは重い星の最終的な運命にとって重大な意味合いがあります。星の質量がチャンドラセカール限界より小さければ収縮を止めて、最終的に半径数千キロで密度は一立方センチ当たり数千トンの白色矮星《わいせい》に落ち着く可能性があります。白色矮星は、星の物質中の電子同士の排他原理の斥力によって支えられています。こうした白色矮星は数多く観測できますが、最初に発見されたのは夜空でいちばん明るいシリウスを周回している伴星でした。

太陽の質量の一ないし二倍の限界質量があるけれども、白色矮星よりはずっと小さい星の最終状態については、もうひとつの可能性があることも指摘されていました。そうした星は電子間ではなく、中性子と陽子のあいだの排他原理による斥力に支えられているため、中性子星と呼ばれていました。星の半径はわずか一六キロ程度、密度は一立方センチ当たり数十億トンもある可能性があります。しかしながら、こうした予測がなされた当時、中性子星を観測するすべはありませんでした。発見されるのはもっとずっと後のことです。

一方、チャンドラセカール限界以上の質量を持つ星は、燃料を使い果たすと大きな問題に直面します。ときには爆発することもあれば、質量が限界以下になるくらいに物質を放出し爆発を避けることもあるのでしょうが、星がどれほど大きくても、かならずそうなるとは考えられません。星はどうやって自分の重量を減らさなければいけないことに気づくのでしょうか？　それにたとえすべての星が爆発を避けられるほどに質量を減らせたとしても、白色矮星や中性子星に質量が加わって限界を超えたらどうなるのでしょうか？　密度が無限大になるまで崩壊するのでしょうか？

エディントンはそれが意味することに衝撃を受け、チャンドラセカールの結果を信じようとしませんでした。星が崩壊して一つの点になることなどありえないと考えたのです。多くの科学者もそう考えていました。アインシュタイン自身も論文を書いて、星がゼロの大きさにまで縮小することはないと主張しました。ほかの科学者たち、とくにかつての恩師で星の構造に関しての第一人者であるエディントンに反対されて、チャンドラセカールはこの研究路線を諦《あきら》め、天文学のほかの問題に転向します。しかし、一九八三年に彼が受賞するノーベル賞は、少なくとも部分的には、冷却した星の限界質量に関する初期の研究のためでした。

チャンドラセカールは、排他原理ではチャンドラセカール限界以上の質量のある星の崩壊は止められないことを示しました。一般相対性理論にしたがって、そうした星に何が起こるのかという問題を解決したのは若いアメリカ人研究者ロバート・オッペンハイマーで、ようやく一九三九年になってからのことでした。しかしながらオッペンハイマーの結論は、その時代の望遠鏡で観測可能な帰結をなにも示唆していませんでした。やがて戦争で研究が中断され、オッペンハイマー自身も原爆プロジェクトに深くかかわるようになります。そして戦後は、多くの科学者が原子と原子核レベルで起こる事象に関心を抱いたため、重力崩壊の問題はほとんど忘れられてしまいました。ところが一九六〇年代に入ると、現代技術の応用によって天体観測の質量ともに大幅に向上し、天文学や宇宙論のスケールの大きな問題への関心がよみがえります。やがてオッペンハイマーの研究が多くの研究者によって再発見され、発展を迎えます。

われわれが今わかるオッペンハイマーの研究は、星の重力場での光線の進路は星のない時空での光線の進路とは異なるというものです。光円錐はその頂点から放たれた閃光《せんこう》が時空を進む道筋を示していますが、星の表面近くでは少し内側に曲がります。これは、日食のあいだに観測すると遠くの星の光が曲がることからもわかります。星が収縮するにつれて、その表面の重力場は強くなり、光円錐はさらに内側に曲がります。そのため光は星からさらに脱出しにくくなり、光は遠くにいる観測者にはさらに弱くかつ赤く見えます。

最後には、星が臨界半径以下に縮むと表面の重力場はさらに強くなり、光円錐は光がもはや脱出できないほど内側に曲がってしまいます。光が脱出できなければ、いかなるものも脱出できなくなります。すべてのものが重力場に引き戻されるのです。そしてそこに、脱出して遠くの観測者のもとまでたどり着けない事象の集まり、時空の一つの領域ができます。その領域を、われわれは今ブラックホールと呼んでおり、その境界を「事象の地平」と呼びます。事象の地平は、ブラックホールからの脱出にあと一息のところで失敗した光の進路と一致します。

星が崩壊してブラックホールができるのを観察できるとしたら、目にしたことを理解するには、一般相対性理論では絶対時間が存在しないことを思い起こす必要があります。それぞれの観測者には各自の時間の尺度があります。星の上にいる人にとっての時間は、星の重力場のせいで、遠くにいる人の時間とは異なります。これは、給水塔の上と下の時計を地上で測る実験をすればわかります。仮に、崩壊しつつある星の表面に立っている命知らずの宇宙飛行士が、自分の時計を見ながらその星を周回している宇宙船に一秒ごとに信号を送るとしましょう。宇宙飛行士の時計のある時点、たとえば一一時の時点で、その星が臨界半径以下に収縮して、重力場がとても強くなり信号がもはや宇宙船に届かなくなるとします。

宇宙船から見守っている宇宙飛行士の仲間は、一一時が近づくにつれて、宇宙飛行士から送られてくる信号の間隔がだんだん長くなるのに気づきます。けれども、一〇時五九分五九秒まではこの影響はきわめて小さいものです。宇宙飛行士が自分の時計で一〇時五九分五八秒に送った信号と一〇時五九分五九秒に送った信号が届くまで、一秒よりわずかに長く待つだけです。しかしながら一一時ちょうどの信号を受けとるには、永遠に待つ必要があります。宇宙飛行士の時計で一〇時五九分五九秒と一一時ちょうどのあいだに星の表面から送られた光の波は、宇宙船から見ると、無限大の時間全体に広がっていきます。波がつぎつぎに宇宙船に届くまでの時間の間隔はどんどん延びていくので、星からの光はさらに赤く弱くなっていくように見えます。最終的に、星はもはや宇宙船からも見えないほど暗くなってしまいます。後にはただ、空間にブラックホールが残るだけです。しかし星は宇宙船に同じ重力の影響をおよぼし続けます。少なくとも原理上は、まだ宇宙船から星は見えるからです。見えないのは、星の表面から出る光が重力場の影響で赤い色に大きく偏移しているからです。ところが赤方偏移は星の重力場そのものには影響をおよぼしません。そのため宇宙船はブラックホールの周りを回り続けることになります。

ロジャー・ペンローズとわたしは一九六五年から七〇年にかけての研究で、一般相対性理論にしたがうと、ブラックホールのなかには無限大の密度の特異点があるはずだということを示しました。これはむしろ時間の始まりにおけるビッグバンに似ています。ただし崩壊しつつある天体と宇宙飛行士にとっては、時間の終わりでしかありません。この特異点では、科学の法則や未来を予測するわれわれの能力も役に立ちません。しかし、ブラックホールの外に残っている観測者は、予測可能性が破綻しても何の影響も受けません。なぜなら光もいかなる信号も、特異点からは届かないからです。

この注目すべき事実から、ロジャー・ペンローズは宇宙検閲官仮説の提唱を思い立ちます。この仮説はいわば「神は裸の特異点を嫌う」ということです。言い換えれば、重力の崩壊によって生じた特異点は、事象の地平によって外部の視線から慎み深く身を隠せるブラックホールのような場所でしか起こらないということです。厳密にいえば、これは弱い宇宙検閲官仮説と呼ばれるものです。ブラックホールの外部に残っている観測者を、特異点で起こる予測可能性の破綻の影響から神が守るのです。ただしブラックホールに落ちた気の毒な宇宙飛行士には、手を差し伸べません。神は宇宙飛行士の慎み深さも守るべきではないのでしょうか?

一般相対性理論の方程式には、われらの宇宙飛行士が裸の特異点を目の当たりにできることを示す解がいくつかあります。宇宙飛行士は特異点にぶつからずにすみ、〝ワームホール〟に落ちて宇宙のほかの領域から出てくるかもしれません。このことは時空旅行に大きな可能性を示してくれますが、残念ながらこれらの解はいずれもあまり頼りにならないようです。それらの解は宇宙飛行士の存在といったわずかな要素で乱され、彼は特異点にぶつかって命が尽きるまで特異点を見ることはできないかもしれません。言い換えれば、特異点は宇宙飛行士の未来にしか存在せず、過去にはけっしてないのです。

宇宙検閲官仮説の強いバージョンのほうでは、現実的な解では特異点はかならず、重力崩壊の特異点のように未来にしか存在しないか、もしくはビッグバンのように過去にしかないか、いずれかだといいます。いずれも裸の特異点に接近するので過去への旅行が可能になるかもしれないため、いずれかのバージョンの宇宙検閲官仮説が事実であることが強く望まれています。ただそれはＳＦ作家には好都合でしょうが、だれの命も安全ではないことをも意味します。だれかが過去に戻って、あなたが生まれてくる前にあなたの父親なり母親なりを殺すかもしれないからです。

重力が崩壊してブラックホールを作る際、その運動は重力の波の放出によってせき止められます。そのためブラックホールはやがて定常状態に落ち着きます。一般にこの最終的な定常状態は、崩壊してブラックホールになる天体に依存すると考えられました。つまり、ブラックホールはどんな形やどんな大きさにもなり得、その形は一定でさえもなく代わりに脈動することもあると考えられました。

ところが一九六七年、ヴェルナー・イスラエルがダブリンで執筆した論文がブラックホールの研究に革命をもたらします。イスラエルは、回転していないブラックホールはすべて完全な丸もしくは球であることを提示しました。さらに大きさを決めるのは質量のみであるとも指摘しました。事実、アインシュタイン方程式のある特定の解でもこの説明がつきますが、その解は、一般相対性理論が発見された直後の一九一七年にカール・シュヴァルツシルトによって見出されたときから知られていました。当初イスラエルの解は、イスラエル自身を含む多くの人に、ブラックホールが完全な丸もしくは球の天体の崩壊からしか発生しないことの証拠だと解釈されていました。しかし、現実の天体が真球ということはあり得ないので、これでは重力の崩壊はきまって裸の特異点をもたらすことになってしまいます。ところが、イスラエルの解には別の解釈もあり、とくにロジャー・ペンローズとジョン・ホイーラーによって強く支持されました。それは、ブラックホールは流体のボールのような運動をするはずだというものです。天体は非球体の形から始まるが、崩壊してブラックホールを作る過程で重力波を放射するために球状に落ち着くというのです。その後の計算によってもこの考え方が裏づけられ、広く受け入れられるようになりました。

イスラエルの解は、ブラックホールが回転しない天体からできる場合のみを扱ったものです。流体のボールと同じように、回転する天体の崩壊からできたブラックホールは完全な丸にはならないと考えられます。回転の影響で、赤道の周囲が膨らむからです。太陽でもほぼ二五日ごとに一回自転する影響から、こうした若干の膨らみを観測できます。一九六三年、ニュージーランド出身のロイ・カーは、シュヴァルツシルトの解より一般的だった一般相対性理論の方程式の解のなかから、ブラックホールについての解をひと組発見します。この〝カー〟ブラックホールは一定の速さで回転し、その大きさと形は質量と回転速度によって決まります。回転がゼロの場合、ブラックホールは完全な丸になり、その解はシュヴァルツシルトの解と一致します。他方、回転がゼロではない場合は、ブラックホールは赤道付近が外側に膨らみます。そのためおのずと、崩壊してブラックホールを作る回転する天体はやがてカーの解に示された定常状態に落ち着くと予想されました。

一九七〇年、わたしのケンブリッジの同僚で大学院生仲間だったブランドン・カーターは、この予想の証明に向けての第一歩を踏み出します。カーターは、定常的に回転するブラックホールにはコマにあるような対称軸に似たものがあり、その大きさと形は質量と回転速度のみで決まることを提示しました。一九七三年に入るとようやく、キングス・カレッジのデーヴィッド・ロビンソンが、カーターとわたしの解を用いて、この予想が正しいことを証明したのです。そのようなブラックホールは、まさにカーの解のとおりでした。

ですから、重力が崩壊した後のブラックホールは、回転はしても、脈動はしない状態に落ち着くことになります。さらに、その大きさと形は質量と回転速度によってのみ決まり、崩壊してブラックホールを作る天体の性質には左右されないということです。この解はやがて「ブラックホールには毛がない」という無毛定理で知られるようになります。これは、崩壊する天体に関するきわめて多量の情報は、ブラックホールができるときに失われてしまうということです。なぜなら、崩壊後は、その天体について知りうる情報は質量と回転速度だけになるからです。このことの重要な意味については、次回の講義で取り上げることにしましょう。この無毛定理には、考えられるブラックホールのタイプを大幅に制限するので、きわめて実利的な意味があります。ブラックホールを作る可能性のある詳細な天体モデルを作って、モデルによる予測と観測結果を比較することもできるようになるのです。

ブラックホールは、観測上から正しいとされる証拠が何一つ得られていないうちから、その理論が数学モデルとしてきわめて詳細に展開された科学史上ごく少数の事例のひとつです。実際、ブラックホール説の反対派はその点を議論の主な論拠にしてきました。あやしげな一般相対性理論をもとにした計算が唯一の証拠だとする対象を信じられるわけがないではないか、というのです。

しかし一九六三年、カリフォルニア州にあるパロマー天文台の天文学者マールテン・シュミットが、3C273と呼ばれる電波源の方向にかすかな星のような天体を発見します。3C273とは、ケンブリッジ電波源カタログ第三版の二七三番目の電波源という意味です。その天体の赤方偏移を測定していたとき、シュミットは、それが重力場によって生じたものにしては大きすぎることに気づきました。重力による赤方偏移だとしたら、その天体は太陽系の惑星の軌道を妨《さまた》げるほど大きくて、われわれから近いことになります。それはむしろ、赤方偏移が宇宙の膨張によって引き起こされたことを示していました。それならば、その天体ははるか遠くにあることになります。それほど遠くにあっても見えるのは、天体がきわめて明るく輝いていて、膨大なエネルギーを放出しているからに違いありません。

それほど大量のエネルギーを生み出すメカニズムとして、人々が思いつくのは一つしかありませんでした。星ひとつだけではなく、銀河の中心領域全体での重力崩壊です。似たような〝恒星状天体〟、もしくはクエーサーはほかにもいくつか発見されていて、すべて大きな赤方偏移を示していました。しかしそれらはあまりに遠すぎて、ブラックホールだという確証となるような観測結果はなかなか得られなかったのです。

ブラックホールが存在する可能性をさらに高めたのは、一九六七年のケンブリッジ大学大学院生ジョスリン・ベルによる、一定間隔で電波パルスを発する天体の発見でした。最初、ジョスリンと指導教官のアンソニー・ヒューイッシュは、銀河内のエイリアンの文明とコンタクトしたのではないかと思ったと言います。事実、セミナーでこの発見を発表したとき、わたしも覚えていますが、ジョスリンたちは最初に見つかった四つの電波源をLGM1から4と呼んでいました。LGMは「リトル・グリーン・メン（小さな緑色の人たち）」の頭文字です。

しかし結局、ジョスリンたちも、パルサーと名づけられたこれらの天体はじつは回転する中性子星だという、あまりロマンのない結論にたどり着きました。パルサーは、その磁場と周囲の物質とのあいだに複雑な相互作用が起きていたために、電波パルスを発していたのです。これはスペースオペラの作家にとってはうれしくないニュースでしたが、当時ブラックホールの存在を信じていたわれわれ少数の者にとってはとても希望のもてるニュースでした。中性子星が存在するという最初の肯定的証拠だったからです。中性子星の半径は約一六キロで、星がブラックホールになる臨界半径の数倍しかありません。星が崩壊してこれほど小さくなるのなら、ほかの星が崩壊してもっと小さくなりブラックホールになることもないとはいえません。

どうすればブラックホールの発見がかなうのでしょうか？――まさにその名のとおり、光をいっさい放たないというのに。これは石炭貯蔵庫で黒猫を探すようなものかもしれません。しかし幸いなことに、方法はあります。ジョン・ミッチェルが一七八三年の先駆的な論文で指摘しているように、ブラックホールもやはり近くの天体に重力をおよぼしています。天文学者はそれまでに、互いの周りを回る二つの星が互いを重力で引き合っている天体系をいくつも観測しています。さらには、唯一の見える星が見えない伴星の周りを回っている天体系も観測していました。

もちろん、伴星がブラックホールだとすぐに結論づけることはできません。光が弱くて星が見えないだけかもしれません。しかしそうした天体系のなかには、はくちょう座X-1と呼ばれる天体系のように、強いX線源でもある天体系もあります。この現象の説明としては、目に見える星の表面から放出される物質からX線が出ているというのがいちばんふさわしいでしょう。見えない伴星に向かって落ちながら、バスタブから流れ出す湯のように螺旋《らせん》運動し、その物質はきわめて高い温度になりX線を発します。このようなメカニズムが起こるには、見えない天体の大きさが、白色矮星や中性子星、あるいはブラックホールのようにきわめて小さくなくてはいけません。

見える星の動きを観測することで、見えない天体の最低質量を推定することができます。はくちょう座X-1の場合、質量は太陽の約六倍あります。チャンドラセカールの解によると、この質量では見えない天体が白色矮星であるとするには大きすぎます。したがって、これはブラックホールであるにちがいないと思われます。

はくちょう座X-1を説明するモデルは、ほかにブラックホールを含まないものもありますが、いずれもかなり強引なこじつけです。観測結果の説明に無理がないのはやはり、ブラックホールだとするしかないようです。にもかかわらず、わたしはカリフォルニア工科大学のキップ・ソーンを相手に、はくちょう座X-1はブラックホールを含まないというほうに賭けをしました。これはわたしなりのある種の保険です。わたしはブラックホールについて多くの研究をしてきましたから、ブラックホールが存在しないと判明するとすべてが水の泡になってしまいます。ですがそうなっても、賭けに勝ち『プライベート・アイ』誌四年分を手に入れるという慰めは得られます。一方、ブラックホールが存在した場合、手に入るのは『ペントハウス』誌一年分だけです。というのは賭けをした一九七五年当時、はくちょう座X-1がブラックホールであるのは八〇パーセント確かだとわたしたちは思っていたからです。今では、九五パーセント近く確実だと言ってもいいのですが、賭けの決着はまだついていません。

われわれの銀河のほかのいくつかの天体系にブラックホールが存在することや、ほかの銀河やクエーサーの中心にはるかに大きなブラックホールが存在することを示す証拠はあります。太陽よりはるかに質量の小さいブラックホールが存在する可能性も考えられます。そうしたブラックホールはチャンドラセカール限界の質量限界を下回っているので、重力の崩壊ではつくり出せません。こうした質量の小さい星は、自分のもつ核燃料を使い果たしても、重力に抵抗して自分自身を支えていられるのです。ですから質量の小さいブラックホールは、物質が外からのとても強い圧力によってきわめて高い密度にまで圧縮された場合にしかできません。そういった状態が起こるのは、巨大な水素爆弾のなかです。ジョン・ホイーラーがかつて計算したところでは、世界のすべての海から重水すべてを集めたら、中心の物質がブラックホールになるくらい圧縮される水素爆弾ができます。しかし残念ながら、爆発したらそれを観測できる人間はひとりも残らないでしょう。

もっと現実的な可能性としては、そうした質量の小さいブラックホールがごく初期の宇宙の高温高圧状態のなかでできることです。初期の宇宙が完全に滑らかで均質ではない場合、ブラックホールができるかもしれません。平均以上に密度の高く狭い領域がこのように圧縮されれば、ブラックホールになるからです。宇宙に均質ではない領域がいくつかあったことはわかっています。そうでなければ今、宇宙の物質がどこまでも均一に散らばっていて、星や銀河として固まっているはずはないからです。

星や銀河を説明するために必要な不均一性が、おびただしい数のこれらの原始ブラックホールを形成することにつながるかどうかは、初期宇宙の条件の詳細にかかっています。ですから、今、原始ブラックホールがどのくらい存在するか判断できれば、宇宙のごく初期の段階について多くのことがわかります。一〇億トン——大きな山の質量——以上の質量をもつ原始ブラックホールは、見える物質あるいは宇宙の膨張に対する重力の影響を検出するしかありません。しかしながら、次回の講義で取り上げるように、ブラックホールは実のところ真っ黒ではありません。高温の天体のように輝きますし、質量が小さければ小さいほど、強い輝きを放ちます。逆説的ですが、小さなブラックホールのほうが、じつは大きなブラックホールより見つけやすいことになるのでしょう。

第四回講義
ブラックホールはそんなに黒くない

一九七〇年以前、一般相対性理論についてのわたしの研究はもっぱらビッグバン特異点が存在したかどうかという点に絞られていました。ところが、その年の一一月、娘のルーシーが生まれて間もないある晩、ベッドに向かいながらブラックホールについて考え始めました。不自由な体でベッドに入るにはかなり手間取りますから、時間はたっぷりありました。その晩の時点では、時空のどの点がブラックホールのなかにあり、どの点が外にあるのか厳密な定義がありませんでした。

すでにロジャー・ペンローズとは、ブラックホールを遠くに脱出できない一連の事象と定義したらどうかと論じ合っていました。この定義は、今では一般に認められています。これはブラックホールの境界、すなわち事象の地平は、あと一息のところでブラックホールから脱出しそこなった光でできているということです。警官から逃げようと一歩先を走ってはいるものの、完全には逃げ切れずにいる状態に少し似ています。

ふいに気づいたのですが、こうした光線はお互いけっして近づくことがありません。近づくと、最終的にぶつかってしまうからです。反対方向から警官に追われた別の人物が走ってくるのに鉢合わせするようなものです。追われている二人がどちらも捕まってしまうように、この場合は、ブラックホールに落ちてしまいます。しかしいったんブラックホールに飲み込まれた光線が、ふたたびブラックホールの境界と交わることはありません。ですから事象の地平上の光線は平行に進むか、さもなければ互いに遠ざかろうとしなければなりません。

もう一つの見方をすると、事象の地平、つまりブラックホールの境界は影の縁に似ています。はるか遠くへ逃げようとする光の縁であり、やはり同じように、差し迫った破滅の影の縁でもあります。太陽のようなはるかかなたの光源がつくる影を見るならば、その縁で光線同士は近づいていないことがわかります。もし事象の地平線、つまりブラックホールの境界をつくっている光がけっして互いに近づくことがないとしたら、事象の地平の面積はいつまでも同じか、時とともに広がるかのどちらかです。けっして狭くなることはありません。狭くなるためには、境界上の少なくとも一部の光線は互いに近づかなければならないからです。事実、物質や放射がブラックホールに落ち込むたびに、面積は広がります。

さらに、二つのブラックホールが衝突して合体し、一つのブラックホールができるとします。その場合、新しくできたブラックホールの事象の地平の面積は、元の二つのブラックホールの事象の地平の面積の合計よりも大きくなります。事象の地平の面積が減少しないというこの性質は、ブラックホールが取りうるふるまいを大きく制約することになります。この発見に興奮したわたしは、その晩はほとんど眠れませんでした。

翌日、ロジャー・ペンローズに電話しました。するとわたしの発見に同意してくれました。実のところ、ロジャーはこの面積の性質にはすでに気づいていたのだと思います。彼はブラックホールについて、わたしとは少し違う定義をしていました。ブラックホールが定常状態に落ち着いたら、それぞれの定義によるブラックホールの境界は同じになることには彼は気づいていませんでした。

熱力学の第二法則

ブラックホールの面積が減らないという性質は、エントロピーと呼ばれる物理量の性質にきわめてよく似ています。エントロピーは、物質の系の無秩序の度合を示す尺度です。よく経験することですが、物事を放っておくと、無秩序は増大する傾向にあります。それを経験したければ、家を手入れせずに放っておきさえすればいいのです。一方、無秩序から秩序を創り出すこともできます。たとえば、家にペンキを塗ることです。けれどもそれにはエネルギーを使わなければなりませんから、利用できる秩序あるエネルギーの量は減ることになります。

この考え方を正確に言い表したのが、熱力学の第二法則と呼ばれるものです。この法則によると、孤立した系のエントロピーはけっして時とともに減少することはありません。さらに二つの系が結合すると、結合した系のエントロピーは個々の系のエントロピーの和よりも大きくなります。たとえば箱に気体分子の系が入っているとしましょう。分子は、たえず衝突し合ったり箱の壁にぶつかって跳ね返ったりしている小さなビリヤードの球だと考えればいいでしょう。まず箱に仕切りをつけて、分子をすべて箱の左側に押し込んだとします。そこで仕切りをはずすと、分子は散らばって、箱のどちらの側も占領しようとします。しばらく後に分子が右半分に寄っていたり、左半分に戻っていたりすることも、ひょっとしたらあるかもしれません。ですが圧倒的に可能性が高いのは、箱の左右にほぼ同じ数の分子が散らばっていることです。この状態は、すべての分子が箱の片側に入っていた元の状態よりも秩序が低く、無秩序に近くなっています。つまり気体のエントロピーは、高くなったと言えます。

同じように、二つの箱を使って一つには酸素の分子、もう一つには窒素の分子を入れるとしましょう。二つの箱をつなげて仕切りの壁を取り除くと、酸素と窒素の分子は混ざり始めます。やがて起こる可能性が高いのは、酸素と窒素の分子が二つの箱いっぱいにほぼ均等に混ざっている状態です。この状態は秩序が低いので、箱が二つに分かれていた元の状態よりエントロピーが高くなっています。

熱力学の第二法則は、ほかの科学法則とは性質がかなり違います。たとえばニュートンの重力法則などのほかの法則は、絶対法則で、いつでも成り立ちます。一方、熱力学の第二法則は統計法則で、いつでも成り立つとはかぎらず、きわめて多くの場合に成り立つ法則です。箱のなかの気体の分子すべてがしばらくしてから片側に寄ってしまう確率は数兆分の一でしょうが、起こり得ます。

しかしながらもしブラックホールが身近にあれば、熱力学の第二法則の破綻はかなり簡単に起こるように思えます。大きなエントロピーを持つ何らかの物質を気体の箱のようなものに入れ、ブラックホールに落とせばいいのです。ブラックホールの外側の物質のエントロピーの総量は、小さくなります。もちろん、ブラックホールの内側の物質のエントロピーも含むエントロピーの総量は減らないと言うこともできます。しかしブラックホールの内側を覗《のぞ》いてみる方法がないので、内側の物質のエントロピーがどのくらいあるのかはわかりません。ブラックホールに何か特徴があって、ブラックホールの外側の観察者もエントロピーを測れれば便利でしょう。そうすれば、エントロピーを持つ物質がブラックホールに落ちるたびに、エントロピーは増えていくはずです。

事象の地平の面積はブラックホールに物質が落ちるたびに増えるという私の発見に続き、プリンストン大学の大学院生ジェイコブ・ベケンスタインは事象の地平の面積がブラックホールのエントロピーの尺度だと主張しました。エントロピーを持つ物質がブラックホールに落ちるたびに、事象の地平の面積は増えるのだから、ブラックホールの外側の物質のエントロピーと事象の地平の面積の合計量はけっして減らないというのです。

この主張によって、大半の状況で熱力学の第二の法則に反することはなくなると思われました。しかしこれにも致命的な欠陥が一つありました。ブラックホールにエントロピーがあるなら、温度もなければなりません。ですが非ゼロ温度の天体は、一定の割合で熱を放射するはずです。よく経験するのは、火かき棒を火で熱すると、真っ赤になり熱を放射することです。しかし低い温度の天体も熱を放射します。放射の量がごく少ないので、ふだん気づかないだけです。この放射は、熱力学の第二法則を破綻させないために必要なことです。というわけでブラックホールは熱を放射しなければならないはずですが、ブラックホールは何も発していない天体だと定義されています。ですからブラックホールの事象の地平の面積はエントロピーとは見なせないと考えられました。

実はわたしは一九七二年に、ブランドン・カーター、同僚のアメリカ人ジム・バーディーンとともにこのテーマで論文を書いています。われわれは、エントロピーと事象の地平の面積には多くの共通点があるが、こうした明らかに致命的な問題もあると指摘しました。わたしがこの論文を書いた動機の一部にベケンスタインへの腹立ちがあったことを認めなければなりません。事象の地平の面積が増えるというわたしの発見をベケンスタインが誤用したと思いました。しかし最終的にベケンスタインは基本的に正しかったことが判明するのですが、彼自身にはまったく予期しない方法で証明しました。

ブラックホールの放射

一九七三年九月、わたしがモスクワを訪問したとき、二人のソ連を代表する専門家ヤコフ・ゼルドヴィッチ、アレクサンドル・スタロビンスキーと、ブラックホールのことを論じ合いました。わたしは二人に、量子力学の不確定性原理によれば、回転ブラックホールは粒子を創り出し、放出するはずだと説得されました。二人の議論は物理的根拠に基づいていると思いましたが、放出を計算する数学的手法は気に入りませんでした。そこでわたしは、よりよい数学的処置の考案に取りかかり、一九七三年一一月末にオックスフォードでの非公式セミナーで説明しました。その時点ではまだ、実際にどのくらいの放射量があるか計算していませんでした。わたしが予想していたのは、セルドヴィッチとスタロビンスキーが回転するブラックホールから予測していたのと同じ放射量でした。ところがいざ計算してみて驚くとともに困ったことに、回転しないブラックホールもどうやら一定の割合で粒子を創り出し放出しているようだとわかったのです。

最初、この放出はわたしの用いた近似法がふさわしくなかったからだと考えました。ベケンスタインが知ったら、それを利用してブラックホールのエントロピーについて、わたしはまだ気に入っていなかった彼の考えが正しいとまた主張するのではないかと心配しました。しかしながら考えれば考えるほど、近似法はふさわしかったとわかってきました。放出された粒子のスペクトルが熱い天体から放出されるのとまったく同じだとわかったので、最終的にわたしも放出はほんとうだと確信しました。ブラックホールは、熱力学の第二法則を破綻させない一定の割合で粒子を放出していたのです。

それ以来、この計算はほかの人々によってさまざまな形で何度も繰り返されました。その結果はすべて、まるでブラックホールが質量で決まる温度をもつ熱い天体であるかのように、ブラックホールが粒子を放出しているはずだと裏づけるものでした。とくに、質量が大きければ大きいほど温度は低くなります。この放出はこう考えられます。まず、空っぽであることは重力場や電磁場などのあらゆる場がきっちりゼロであることを意味します。ところが場の強度と時間的な変化は、粒子の位置や速度のようなものです。不確定性原理によると、一方の量が正確にわかれば、もう一方の量はそれだけ不正確になります。したがって、われわれが空っぽだと思っている空間は、まったくの空っぽではないのだということになります。

そのため空っぽの空間では、場を厳密にゼロにしておくことはできません。もしそうならば、場の強さも変化もどちらもぴったりゼロでなければならないからです。したがって場の量にはある最小限の不確定さ、つまり量子のゆらぎがあるはずです。このゆらぎは、ある時点で同時に現れ、遠ざかり、やがてまた合流して対消滅する、光や重力の粒子対と考えることができます。これらの粒子を仮想粒子と呼びます。実在粒子と違って、仮想粒子は粒子観測装置で直接観測することはできません。しかし、電子軌道や原子のエネルギーに微小な変化を起こすといった間接的な効果は測定でき、理論上の予測と驚くほど正確に一致しています。

エネルギーの保存によって、対になった仮想粒子の一方が正のエネルギーを、もう一方が負のエネルギーを持つことになります。負のエネルギーを持つほうは、短命な仮想粒子である運命を負わされます。通常、実在粒子はかならず正のエネルギーを持つからです。ですから仮想粒子はパートナーを見つけて、いっしょに対消滅しなくてはなりません。ところがブラックホールの内側にある重力場はとても強いので、そこでは実在粒子も負のエネルギーを持つことがあります。

ですから、ブラックホールが存在するなら、負のエネルギーを持つ仮想粒子はブラックホールに落ちて実在粒子になることも可能です。その場合はもうパートナーと対消滅する必要はありません。見捨てられたパートナーも同じようにブラックホールに落ちることはあるでしょう。しかし正のエネルギーを持つので、実在粒子として永遠に逃げることも可能です。この粒子は、遠くの観察者にはブラックホールから放出されたように見えるでしょう。ブラックホールが小さければ小さいほど、負のエネルギーを持つ粒子が実在粒子になるために動き回らなければならない距離は短くてすみます。それにしたがって、ブラックホールが粒子を放出する速度は速まり、ブラックホールの見かけの温度は上がります。ブラックホールから出ていく放射の正のエネルギーは、粒子が流れ込む負のエネルギーと釣り合っています。アインシュタインの有名な方程式$E = mc^2$によれば、エネルギーは質量と等価です。したがって、負のエネルギーがブラックホールに流入するとその質量は減少します。ブラックホールが質量を減らすにつれて、事象の地平の面積は狭くなります。しかしブラックホールのエントロピーの減少は放出される放射のエントロピーによって十分補われるので、熱力学の第二法則はけっして破られません。

ブラックホールの爆発

ブラックホールの質量は小さければ小さいほど、温度は高くなります。ですからブラックホールが質量を失うと、それにつれて温度は上がり、放射の速度は増します。したがって質量を失う速度も増します。しかしブラックホールの質量が最終的にきわめて小さくなったとき、何が起こるのかはっきりしていません。いちばん無理のない予測は、数百万の水素爆弾が爆発するのに等しい、とてつもないエネルギーを爆発的に放出して完全に消滅することです。

太陽の数倍の質量を持つブラックホールは、絶対温度で〇・〇〇〇〇〇〇〇一度しかありません。これは宇宙に充満するマイクロ波放射の二・七度（絶対温度）よりはるかに低いので、こうしたブラックホールは放出するより、微々たる量とはいえ吸収するほうが多いのです。宇宙が永遠に膨張し続ける運命にあるなら、マイクロ波放射の温度はいずれブラックホール以下になるでしょう。するとブラックホールは吸収するより放出する量のほうが多くなり、質量を失い始めます。ですがそうなってもまだ温度がとても低いので、完全に蒸発するには一〇の六六乗年ほどかかるでしょう。それはまだ一〇の一〇乗年ほどの宇宙の年齢よりはるかに長い年月です。

一方、前回の講義で学んだように、宇宙のごく初期段階に不均一性が崩壊してきわめて質量の小さい原始ブラックホールになって存在しているかもしれません。こうしたブラックホールは、ずっと高い温度を持ち、ずっと速い速度で放射するでしょう。初期質量が一〇億トン程度の原始ブラックホールは、宇宙の年齢と同じくらいの存続期間を持っていると思われます。それよりも初期質量が小さい原始ブラックホールは、もうすっかり蒸発しているでしょう。しかしもう少し大きい質量の原始ブラックホールは、X線やガンマ線の形でまだ放射を続けているでしょう。そうしたX線やガンマ線は光の波に似ていますが、波長はもっとずっと短いものです。ですからそうしたブラックホールに〝ブラック〟という形容は当てはまりません。実際には白熱し、約一万メガワットのエネルギーを放出しています。

そんなブラックホール一つで、一〇か所の大型発電所を稼働させるのは可能でしょう。ただしブラックホールの出力を制御できればの話ですが。しかしそれはかなり難しいでしょう。そのブラックホールには、原子核一つ分の大きさに山一つ分を圧縮した質量があるからです。もしそんなブラックホールを地上に置いたら、地面を突き破って地球の中心まで落ちていくのを食い止めるすべはありません。地球の中を振り子のように行ったり来たりして、最後には地球の中心に落ち着きます。そんなブラックホールを置いておき、放出されるエネルギーを利用できる場所は、地球を周回する軌道くらいのものでしょう。そして地球の周回軌道に乗せるには、ロバの鼻先にぶらさげたニンジンのように、ブラックホールの目の前の大きな質量の引力で引っ張っていくしかありません。しかし、少なくとも近い将来の実用的な計画とは思えません。

原始ブラックホールを探す

とはいえ、こうした原始ブラックホールの放出を制御できないとしても、観測できる可能性はないのでしょうか？　原始ブラックホールがこれまでの生存期間の大半を通じて放出してきたガンマ線は探せるでしょう。はるかかなたにあるため放出されたガンマ線の大半はごく微弱でしょうが、すべてのガンマ線の総量は検出できるかもしれません。実際、そうしたガンマ線の背景放射を観測しています。しかしこうしたガンマ線の背景放射は原始ブラックホール以外から放出されたのかもしれません。そんなガンマ線背景放射を観測したところで、原始ブラックホールの確たる証拠にはならないともいえます。ですがガンマ線背景放射の観測は、平均すると一立方光年当たり三〇〇個以上の原始ブラックホールは存在しないことを教えてくれます。さらに最大値は、宇宙の平均質量密度のせいぜい一〇〇万分の一でしかないということを意味します。

原始ブラックホールはそのようにきわめて稀《まれ》だとしたら、われわれが観測できるほど近くにあるとは思えないかもしれません。しかしながら重力が原始ブラックホールをどんな物質にも引き付けるので、銀河にはもっとありふれているはずです。もし銀河に一〇〇万倍のブラックホールがあるとしたら、われわれにいちばん近いブラックホールは一〇億キロほどの距離か、もしくは太陽からいちばん遠い惑星、冥王星［訳注：二〇〇六年に惑星ではない天体「矮惑星」に定義された］と同じくらいの距離にあるはずです。この距離では、ブラックホールからの規則的な放出を検出するのは、たとえ出力が一万メガワットだったとしても、まだきわめて難しいでしょう。

原始ブラックホールを観測するためには、一週間といった適当な期間内に、同じ方向から放出される複数のガンマ線量子を検出しなければなりません。単なる背景放射の一部かもしれないからです。けれどもプランクの量子原理によれば、ガンマ線はきわめて周波数が高いので、それぞれのガンマ線量子はきわめて高いエネルギーを持っているといいます。ですから一万メガワットを放射するのに、量子の数はたいして要りません。冥王星ほど遠いところからやって来るごくわずかな数の量子を観測するのは、これまで建造されたどんなものより大きなガンマ線検出装置が必要です。しかもこの装置は宇宙空間に設置しなければなりません。ガンマ線は大気を貫通できないからです。

もちろん、冥王星と同じくらい地球に近いブラックホールが寿命に達して爆発すれば、最後の爆発的な放出は検出しやすくなります。しかしながらブラックホールがこれまで一〇〇億、もしくは二〇〇億年のあいだ放出を続けていた場合、ブラックホールがこれから数年以内に寿命が尽きる可能性は実はかなり小さいのです。同じように、過去数百万年であっても今後数百万年であっても可能性はかなり小さいでしょう。ですから研究助成金を使い果たす前に爆発を観測する十分なチャンスを得るには、一光年以内の距離のどんな爆発も残らず検出できる方法を見つけなければなりません。それでもまだ、爆発で放出される数本のガンマ線量子を観測するための大きなガンマ線検出装置が必要だという問題があります。しかし、すべての量子が同じ方向からやって来ることを検出する必要はありません。すべての量子がごく短い時間内に届いたことを観測するだけで、同じ方向からやって来たと十分に確信できるからです。

原始ブラックホールを検出できる可能性のあるガンマ線検出装置は、地球全体の大気です（どのみち、われわれにはそれ以上に大きい装置はつくれそうにありません）。高エネルギーのガンマ線量子が大気の原子にぶつかると、電子と陽電子の対ができます。これらの対がほかの原子にぶつかると、今度は電子と陽電子の対がさらに増えます。するといわゆる電子シャワーが起こります。その結果が、チェレンコフ放射と呼ばれる光です。ですから夜空で閃光《せんこう》を探すと、ガンマ線が検出できます。

もちろん空に閃光を放つ現象は、稲妻のようにほかにもいろいろあります。しかしかなり離れた二か所以上の地点から同時に閃光を観測すれば、ガンマ線とそれ以外の現象を区別できるでしょう。これと同じような観測は、ダブリンの二人の科学者ニール・ポーターとトレヴァー・ウィークスがアリゾナで望遠鏡を使って実施していました。二人はいくつか閃光を発見しましたが、原始ブラックホールからのガンマ線の閃光だと断定できるものはありませんでした。

原始ブラックホールの探索が予想通り、たとえ否定されたとしてもそれにより、宇宙のごく初期の段階について重要な情報が得られます。初期の宇宙が無秩序か不均一だったとしたら、もしくは物質の圧力が低かったとしたら、ガンマ線背景放射が検出できる限界値以上に原始ブラックホールがたくさんできていたはずです。原始ブラックホールが観測できるほどない理由は、初期宇宙がきわめて滑らかで均一で、圧力が高かったからと考える以外に説明できません。

一般相対性理論と量子力学

ブラックホールからの放射は、二〇世紀の二大理論、一般相対性理論と量子力学の両方を踏まえて予測した最初の例でした。既存の考え方を覆《くつが》したため、当初この予測は多くの反発を招きました。「ブラックホールから何かが放出されることなどあり得るのか？」というわけです。オックスフォード近郊のラザフォード研究所で開かれた会議で、はじめてわたしが計算結果を発表したとき、ほぼ全員から不信感を示されました。わたしの発表が終わると、そのセッションの座長だったロンドン大学キングズ・カレッジのジョン・G・テイラーは、すべてナンセンスだと断じました。そういう趣旨の論文まで書いたほどです。

しかし最終的に、ジョン・テイラーをはじめ大半の人々も、一般相対性理論と量子力学に関するほかの考えが正しいのであれば、ブラックホールは高温の天体のように放射しているはずだという結論に達します。このようにまだ原始ブラックホールは見つけることができないでいますが、発見されれば、大量のガンマ線とX線を放出しているはずだとかなり広い賛同が得られています。もし見つかれば、わたしはノーベル賞をもらえるでしょう。

　ブラックホールからの放射が存在することは、重力崩壊がかつて考えていたように最終的でも不可逆的でもないことを示します。宇宙飛行士がブラックホールに落ちたら、ブラックホールの質量は増えます。最終的に増えた質量分に相当するエネルギーは、放射の形で宇宙に戻されます。ということは宇宙飛行士はある意味で、リサイクルされるのです。ただし気の毒な形の不死ではあります。宇宙飛行士がブラックホールの内部で見る影もなく押しつぶされるにつれ、個人的な時間の概念もほぼ確実に終わりを迎えるのです。最終的にブラックホールから放出されるいろいろな粒子も、一般的に宇宙飛行士を形づくっていた粒子とは違います。宇宙飛行士のなごりとして最後まで残るのは、質量やエネルギーだけです。

　ブラックホールからの放出を計算するのにわたしが使った近似法は、ブラックホールの質量が数分の一グラム以上あればうまくいくはずです。けれどもブラックホールの寿命が尽きるとき、質量がきわめて小さくなると、近似法も破綻します。いちばんありそうな結末は、ブラックホールが忽然《こつぜん》と、少なくともわれわれの宇宙の領域から消滅することでしょう。ブラックホールの内部に存在するかもしれない宇宙飛行士や特異点とともに消滅するかもしれません。それは、いわゆる一般相対性理論が予測していた特異点を量子力学が排除する可能性を示す最初の兆しでした。しかしわたしやほかの研究者たちが一九七四年に重力の量子効果の研究に用いていた手法では、特異点が量子重力に生じるかどうかというようなことには答えられませんでした。

そのため一九七五年以降、わたしは、経路の総和というファインマンの考えに基づく量子重力を解明する、もっと効果的な手法を開発し始めました。宇宙の起源と運命についてこの手法が示す答えについては、続く二回の講義でお話しします。量子力学によれば、宇宙が特異点ではない起源を持つことが可能であることがわかるでしょう。宇宙の状態と、わたしたち自身のようなその内容は、不確定性原理によって決まる限度を無視すれば完全に物理法則に支配されています。このことは自由意志についても同じです。

第五回講義

宇宙の起源と運命

一九七〇年代、わたしはずっと主にブラックホールを研究していました。ですが一九八一年にヴァチカンでの宇宙論の会議に出席した際、宇宙の起源の問題についてふたたび興味をかき立てられます。カトリック教会は、ガリレオでひどい過ちを犯しました。科学の問題に権威を振りかざし、太陽が地球の周りを回っているのだと宣言したのです。それから数世紀を経た今、教会は数人の専門家を招いて宇宙論について意見を求めることにしたわけです。

会議の最後に、参加者は教皇への拝謁が許されました。すると教皇はビッグバン以後の宇宙の進化を研究することは結構だが、ビッグバン自体を突き詰めてはいけないと言いました。なぜならビッグバンは創造の瞬間であり、したがって神の業《わざ》だからだ、と。

それを聞いてホッとしました。わたしが会議で話したテーマを教皇は知らなかったからです。わたしはガリレオと同じ運命をたどりたくはありませんでした。もっともわたしは、彼の死からぴったり三〇〇年後に生まれたこともあり、ガリレオにはおおいに親近感を抱いています。

ホットビッグバン・モデル

何についての論文かを説明するためには、まず「ホットビッグバン・モデル」という名で広く受け入れられている宇宙の歴史を説明しておきましょう。このモデルは、ビッグバンまでさかのぼるフリードマン・モデルで宇宙を説明することを前提にしています。こうしたモデルでは、宇宙が膨張するにつれて、物質と放射の温度は下がるとしています。温度は粒子の平均エネルギーの尺度ですから、こうした宇宙の冷却は宇宙の物質に大きな影響をおよぼします。粒子はきわめて高温だと、核力や電磁力による互いの引力から逃げ出せるほど高速で動き回っています。けれども粒子は冷えるにつれて、粒子は互いに引き付け合い、凝集しだすと考えられます。

ビッグバンの瞬間の宇宙は大きさがゼロですから、非常に高温のはずです。しかし宇宙が膨張するにつれて、放射の温度は下がっていきます。ビッグバンの一秒後には、温度は一〇〇億度程度に下がっているでしょう。それは太陽の中心温度の約一〇〇〇倍ですが、水素爆弾が破裂するとこれと同じくらいの高温になります。この時点での宇宙は、主に光子と電子、中性微子（ニュートリノ）とその反粒子、それに陽子と中性子でできています。

宇宙が膨張し温度が下がり続けるにつれて、電子と電子対が衝突する率は、対消滅によって破壊される率よりも下がっていきます。そのため大半の電子と反電子は対消滅して、さらに多くの光子をつくり出し、後にはわずかな電子だけが残ります。

ビッグバンの約一〇〇秒後には、いちばん高温の星の内部の温度は一〇億度に下がります。この温度だと、陽子と中性子にはもはや強い核力の引力から逃げられるだけのエネルギーがありません。結合して、陽子と中性子を一つずつ持つ重水素の原子核をつくり始めます。重水素核はやがてさらに陽子と中性子を増やして、陽子と中性子を二つずつ持つヘリウムの核をつくります。ほかにもっと重い二つの元素、リチウムとベリリウムも少量つくります。

ホットビッグバン・モデルでは、陽子と中性子の約四分の一がヘリウムと少量の重水素やそのほかの元素に変わる計算になります。残りの中性子は崩壊して、通常の水素の原子核を構成する陽子になります。こうした予測は、観測結果とかなりよく一致しています。

ホットビッグバン・モデルは、高温の初期段階から残っていた放射を観測できるはずだとも予測しています。しかしながら、宇宙の膨張によって温度は絶対零度までわずか数度にまでに下がってしまいます。つまりこれが、一九六五年のペンジアスとウィルソンが発見したマイクロ波背景放射です。そのためわれわれは、少なくともビッグバンの一秒後までさかのぼる予想は正しいのだとすっかり自信を持っています。ビッグバンからわずか数時間以内に、ヘリウムやそのほかの元素の生産は止まるでしょう。それ以降の一〇〇万年ほど、宇宙は何事も起こさずただひたすら膨張を続けるのです。最終的に、温度がいったん数千度まで下がると、電子と原子核にはもはや両者の電磁的引力より強いエネルギーはありません。やがて結合して、原子をつくり始めます。

宇宙は全体として、膨張と冷却を続けていきます。しかし平均より少し密度の高い領域では、必要以上の重力によって膨張が遅れます。最終的にある領域では膨張が止まり、再崩壊が始まります。崩壊するにつれて、こうした領域は外部の物質の重力によってわずかに回転を始める可能性があります。その崩壊領域が小さくなるにつれて、回転速度が上がります。氷上でスピンするスケーターが腕を体に引き寄せるとスピンが速くなるのと同じです。最終的にその領域が十分に小さくなると、重力とバランスがとれるくらいスピンは速くなります。このようにして、円盤状の回転する銀河は誕生したのです。

時を経るにつれて、銀河内のガスは小さな雲に分裂し、自分の重力の影響を受けて崩壊します。そして雲が収縮するにつれて、ガスの温度は上昇し、やがて核反応が始まるのに十分な温度になります。それにより水素はさらにヘリウムに変わり、放出される熱が圧力を高めるので、雲はもうそれ以上収縮しなくなります。われわれの太陽のような星として長いあいだその状態が続き、水素を燃やしてヘリウムにし、さらに熱や光としてエネルギーを放射します。

質量の増えた大きな星は、強い重力とつりあいをとるためにさらに温度を上げます。それにより核融合反応が進み、わずか一億年で水素を使い尽くします。やがてわずかに収縮して、さらに温度が上がるにつれて、ヘリウムを炭素や酸素のような重い元素に転換し始めます。しかしながらそれでエネルギーの放出量が増えるわけではありませんので、ブラックホールの講義で説明したように、危機的状況が起こります。

つぎにどうなるかは完全には明らかになっていませんが、星の中心領域が崩壊し、中性子星やブラックホールのようなとても密度の高い状態になると考えられています。星の外側の領域は、超新星爆発と呼ばれる桁《けた》はずれの爆発で吹き飛ぶこともあるでしょう。超新星は、銀河内のほかのどの星よりも強い光を放ちます。星の寿命が尽きる間際につくられた重い元素のなかには、吹き飛ばされて銀河のガスのなかに戻るものもあります。それが次世代の星の原材料の一部になります。

われわれの太陽には、そうした重い元素が二パーセント含まれています。太陽は第二、もしくは第三世代の星だからです。太陽は約五〇億年前に、それ以前の超新星の残骸《ざんがい》を含んだ回転するガスの雲から誕生しました。そのガス雲の大半は、太陽になるか、吹き飛ばされるかしています。しかし重い元素のごく一部は凝集して天体になり、地球のような惑星として今、太陽の周りを回っているのです。

未解決の問題

宇宙はきわめて高温で始まり、膨張しながら冷却したという予測は、現在われわれがもっているあらゆる観測証拠と合致しています。とはいえ、未解決の重要な問題がいくつも残っています。第一に、初期の宇宙がそれほど高温だったのはなぜでしょうか？　第二に、宇宙がそれほど広い領域にわたって均一なのはなぜでしょうか？　宇宙のどの点からでもどの方向からでも同じに見えるのはなぜでしょうか？

第三に、宇宙がかろうじて再崩壊しない臨界膨張率すれすれの状態からスタートしたのはなぜでしょうか？　ビッグバン一秒後の膨張率が数兆分の一小さかったら、宇宙は現在の大きさになる前に再崩壊していたでしょう。反対に、ビッグバン一秒後の膨張率が同じだけ大きかったら、宇宙は膨張し今ごろ事実上の空っぽになっていたでしょう。

第四に、宇宙は広い領域にわたって均一かつ均質であるのに、星や銀河といった局所的な星団があります。そうした星団は、初期宇宙の領域と領域のわずかな密度の差から生じたと考えられています。そうした密度のゆらぎの起源は何でしょうか？

一般相対性理論は単独では、こうした特徴を説明したり、こうした問題に答えたりすることはできません。それは一般相対性理論が、宇宙はビッグバン特異点で無限大の密度から始まったと予測しているからです。特異点では、一般相対性理論やほかのあらゆる物理法則は破綻します。特異点から何が出てくるのか、どの理論も予測できません。前に説明したとおり、それでは観測結果に何の影響も出ないのだからビッグバン以前のどんな事象も理論から切り捨ててもいいということになってしまいます。時空には境界、つまりビッグバンにおける始まりがあります。宇宙がビッグバンで始まり今われわれが観測している状態へと発展するようになっているのはなぜでしょうか？　宇宙はなぜこれほど均一で、なぜ再崩壊すれすれの臨界率で膨張しているのでしょうか？　もっとありがたいのは、宇宙のさまざまなかなりの数の初期構造が、われわれが観測しているのと同じような宇宙へと進化していると明らかになることです。

もしそうであれば、均一ではない初期条件から発達した宇宙には、われわれが観察しているのに似た領域がいくつもあるはずです。まるで違う領域もあるかもしれません。しかしそうした領域は、銀河や星の構成に向いていないこともあるでしょう。銀河や星のある領域は、少なくともわれわれが知るような知的生命体が発達するための必須条件です。したがってそうした領域に、姿かたちの異なる何らかの生命体がいるとは思えません。

宇宙論を扱うとき、われわれが知的生命体に適した宇宙領域で暮らしているという選択律を考慮しなければなりません。このきわめて明白で基本的な考え方は、ときとして人間原理とも呼ばれます。一方、宇宙の初期状態が何かわれわれのまわりに見えるようなものを導くように、きわめて慎重に選択されなければならなかったとしましょう。すると宇宙が生命体の出現する領域を含むことは起こりそうもありません。

先述したホットビッグバン・モデルでは、熱が一つの領域からもう一つの領域に流れるだけの時間的余裕は、初期宇宙にはありませんでした。つまり、マイクロ波背景放射がどの方向を見ても同じ温度だという事実を説明するには、宇宙の異なる領域が同じ温度で始まっていなければいけないということを意味します。同じく、宇宙がいままで再崩壊せずにすむためには、初期の膨張の速度はきわめて正確に選ばれていなければなりません。ホットビッグバン・モデルが時間の始まりまでさかのぼって正しければ、宇宙の初期状態はじつに慎重に選択されていることになります。宇宙がどうしてこのように始まらなければならなかった理由の説明は、われわれのような生命体の創造を意図した神の業《わざ》だと考えるのでもないかぎり、とても困難になるでしょう。

インフレーション・モデル

このようにホットビッグバン・モデルではごく初期段階を説明しにくいため、それを避けようとマサチューセッツ工科大学のアラン・グースは新しいモデルを提唱しました。このモデルでは、異なる多くの初期配置が現在の宇宙のようなものに進化し得ます。グースは、初期宇宙には非常に急速に、あるいは指数関数的に膨張した時期があったかもしれないと示唆しました。この膨張は、インフレーションと呼ばれています。どの国でも規模の大小にかかわらず起こる物価のインフレと似ています。物価のインフレーションの世界記録はおそらく、第一次世界大戦後のドイツでしょう。パン一斤の価格が、数か月のうちに一マルクから数百万マルクに跳ね上がったのです。けれども宇宙規模で起こったと思われるインフレーションは、それよりはるかに大きかったでしょう。ほんの一瞬で、10^{30}倍にも膨れ上がります。もちろん、それは現在の政府の前の出来事です。

グースは、宇宙はとても熱いビッグバンから始まったと示唆しました。それほどの高温だと、強い核力も弱い核力も電磁力もすべてが単一の力に統一されると考えられます。宇宙が膨張するにつれて冷却し、粒子のエネルギーは小さくなります。最終的にいわゆる相転移が起こり、力のつりあいが崩れます。強い核力が、弱い核力や電磁力から分かれます。相転移のよい例は、冷やすと水が凍る現象です。液体の水は対称で、どの点もどの方向も同じです。ところが氷の結晶になると、それらは一定の場所を占め、同じ方向に整列します。これで水分子の対称性は壊れます。

水の場合、慎重に凍らせれば「過冷却」が起こります。冷却点の摂氏零度以下まで温度を下げても、水は氷にならないことがあるのです。グースは、宇宙が同じようなふるまいをした可能性があると主張しました。温度が臨界点以下まで下がっても、力の間の対称性が崩壊しなかったのです。もしそんなことが起こったら、宇宙は対称性が破れたときよりも大きなエネルギーを持ち、不安定な状態だったでしょう。この特殊な余剰エネルギーは、反重力効果を起こすことが示されます。ちょうど宇宙定数のようにはたらいたでしょう。

アインシュタインは、定常宇宙モデルを構築しようとして、宇宙定数を一般相対性理論に取り入れました。しかしこの場合、宇宙はすでに膨張しつつあります。したがって、宇宙の膨張はこの宇宙定数の斥力効果により、どんどん加速したでしょう。平均以上の物質粒子がある領域でも、物質が引き合う重力は宇宙定数の斥力に負けます。したがってこうした領域もまた加速する一方のインフレーションのように膨張します。

宇宙が膨張するにつれて、物質粒子は遠ざかります。膨張宇宙には物質粒子がほとんどなくなります。宇宙は依然として過冷却状態のままで、力の対称性は破れていません。膨らませると風船のしわが滑らかになるように、宇宙のどんな不均一な領域も、膨張によって滑らかになります。したがって、宇宙の現在の滑らかで均一な状態は、数多くの不均一な初期状態の宇宙から進化した可能性があるのです。膨張の速度も、再崩壊しないために必要な臨界速度ぴったりに近くなります。

さらにインフレーションという考え方は、宇宙に多くの物質がある理由も説明できました。われわれが観測できる宇宙領域には、一〇の八〇乗あまりの粒子があります。そうした粒子はどこから来たのでしょうか？　量子論による答えは、粒子は粒子／反粒子の対の形でもっていたエネルギーからつくられたというものです。けれどもそれでは、そのエネルギーはどこから来たのかという疑問が生じます。その答えは、宇宙のエネルギーの総量はぴったりゼロだといいます。

宇宙の物質は、正のエネルギーからできています。けれども物質はすべて重力で引き合っています。近くにある二つの物質は、遠く離れた二つの物質よりも小さいエネルギーを持っています。二つの物質を引き離すためにエネルギーを使わなければならないからです。二つの物質が引き合う重力に抵抗する力が必要です。したがってある意味で、重力場は負のエネルギーを持っています。宇宙全体の場合、この負の重力エネルギーが物質の正のエネルギーをちょうど帳消しにしてしまうことがわかります。だから宇宙のエネルギーの総量はゼロなのです。

ところで、ゼロは二倍にしてもやはりゼロです。ですから宇宙はエネルギー保存則を破綻させることなく、正の物質エネルギーを二倍にし、同時に、負の重力エネルギーを二倍にすることができます。これは、宇宙が膨張するにつれて物質エネルギーの密度が下がる通常の膨張では起こりません。けれどもインフレーション膨張時には起こります。宇宙が膨張しても、過冷却状態のエネルギー密度は一定のままだからです。宇宙が二倍の大きさになったとき、正の物質エネルギーと負の重力エネルギーも二倍になるので、エネルギー総量はゼロのままです。インフレーションの最中、宇宙の大きさはとてつもなく増大します。そのため粒子をつくれるエネルギーの総量も非常に増えます。グースは、こう述べています。「無料のランチなどないというけれど、宇宙は究極の無料のランチです」

インフレーションの終焉

宇宙は今はインフレーション膨張はしていません。ですから宇宙定数のきわめて強力な影響を打ち消すメカニズムのようなものがあるはずです。それが膨張速度を加速から、重力によって減速された現在のものへと変化させたのでしょう。宇宙が膨張し冷却するにつれ、過冷却水が最後には必ず凍ってしまうのと同じように、最終的に力の対称性が破れると期待できます。破れていない対称状態の過剰エネルギーは、やがて放出されて、宇宙をふたたび加熱します。宇宙はちょうどホットビッグバン・モデルのように、膨張と冷却へと移行します。どうして宇宙が臨界速度ぴったりで膨張しているのか、どうして異なる領域が同じ温度を持つのかがこれで説明できます。

グースの当初の仮説では、とても冷たい水に氷の結晶ができるように、対称性の破れへの遷移は突然発生したと想定しました。沸騰している湯のなかにできる水蒸気の泡のように、破れた対称性の新しい相の「泡」が古い相のなかでつくられたというアイデアです。宇宙全体が新しい相に変わるまで、泡は膨張したり泡同士でぶつかり一つの泡になっていったと考えました。問題は、わたしやほかの研究者が指摘したように、宇宙が高速で膨張しているので、泡が急速に拡散してしまい凝集しないことでした。宇宙は、ある領域では力の間の対称性が保たれていたりと、きわめて不均一な状態にとり残されたでしょう。そうした宇宙モデルは、われわれの見ているものとは対応しません。

一九八一年一〇月、わたしは量子重力に関する会議でモスクワを訪問しました。会議の後、わたしはシュテルンベルク天文研究所で、インフレーション・モデルとその問題点に関するセミナーを開きました。その聴衆のなかに、若いロシア人科学者アンドレイ・リンデがいました。泡が凝集しないという問題は泡がとても大きければ起こらない、とリンデは主張しました。その場合、宇宙のわれわれの領域は単一の泡のなかにおさまってしまいます。そうなるには、泡のなかでゆっくりと対称性から破れた対称性への変化が起こらなければなりませんが、大統一理論によればそれは可能です。

リンデのいう、ゆっくりと対称性が破れるという考えはとてもよかったのですが、わたしは彼のいう泡はその時点で宇宙よりも大きくなってしまうと指摘しました。そこでわたしは、対称性は泡のなかだけではなくて、同時にいたるところで破れることを示しました。それはわれわれの観測しているような、均一な宇宙へと導きます。

対称性がゆっくりと破れるというモデルは、宇宙が今のような姿になった理由を説明するよい試みでした。しかしながらわたしをはじめほかの何人もが指摘したように、観察されているものよりはるかに大きな変動がマイクロ波背景放射に存在すると予測しています。さらに後の研究は、このモデルが要求しているような相転移が初期宇宙で起こったかどうかという疑問も投げかけました。けれども一九八三年にリンデが、カオス的インフレーション・モデルと呼ばれるさらにすぐれたモデルを発表しました。これは相転移には左右されませんし、マイクロ波背景放射の変動の適正な大きさを示しています。このインフレーション・モデルは、宇宙の現在の状態がきわめて多数の異なる初期配置から誕生した可能性があることも示しています。もっとも、異なる初期配置がいずれもわれわれが観測しているような状態に発展することを示すわけではありません。したがってこのインフレーション・モデルでも、どうして異なる初期配置がわれわれが観測するような状態に発展したのかを明らかにするわけではありません。それを説明するには、人間原理を持ち出すしかないのでしょうか？　すべては単なる幸運だったのでしょうか？　そう考えるのはあきらめの勧告、宇宙の根底をなす秩序を理解する望みの否定のように見えます。

量子重力

宇宙がどのように始まったのかを予測するには、時間の始まりでも成り立つ法則が必要です。古典的な一般相対性理論が正しければ、特異点定理で時間の始まりが無限大の密度と曲率を持つ点であることが示されました。そのような点では、われわれの知る科学法則はすべて破綻するでしょう。特異点で有効な新しい法則はあるかもしれませんが、行儀のよくない特異点で成立する法則は定式化がきわめて難しいでしょう。それにどんな法則ながら成り立つのかを観測結果から推測することはできません。けれども特異点定理がほんとうに示しているのは、重力場が強くなるので量子重力効果が重要な意味を持つということです。古典的な理論ではもはや、宇宙をうまく説明できないのです。後で取り上げますが、量子論なら通常の科学法則を時間の始まりといったあらゆる事象に当てはめることができます。特異点で新たな法則を持ち出す必要もありません。量子論では特異点は存在しなくてもいいからです。

量子力学と重力を組み合わせた、完全で矛盾のない理論はまだできていません。ですがそうした統一理論が持つべき特徴については、かなり確信を深めています。一つは、経路積分法を使って量子論を定式化するファインマンの提案を取り入れるべきだということです。この方法では、AからBに移動する粒子は、古典的な理論とは異なり、単一の経路を持ちません。その代わりに、時空の移動可能なあらゆる経路をたどると考えるのです。そうした粒子の経路には、一方は波の大きさを表し、もう一方は周期のどの位置にあるかという位相を表す一対の数が付随します。

粒子がたとえばある特定の点を通過する確率は、通過可能なあらゆる経路に付随している波を足し合わせるとわかります。ところが実際にこの総計を求めようとすると、いくつか技術的な問題にぶつかります。唯一、回避する方法は、つぎのような特殊な対策をとることです。わたしやみなさんが経験している実時間ではなく、虚数時間を使って粒子の経路に波を加えるのです。

虚数時間というとSFまがいに聞こえるでしょうが、実際にはきちんと定義された数学的な考え方です。ファインマンの経路積分法の技術的な問題を回避するには、虚数時間を使わなければなりません。そうすると時空におもしろい影響が現れます。時間と空間の区別がすっかり消えてしまうのです。時間座標が虚数をとる事象内の時空は、測定基準が正値であるためユークリッド時空と呼ばれています。

ユークリッド時空では、時間の方向と空間の方向に違いはありません。一方、時間座標が実数をとる事象内の現実の時空では、簡単に区別できます。時間の方向は光円錐の内側に向き、空間の方向は外側に向きます。虚時間を用いることを、現実の時空の答えを導き出すための単なる数学的仕掛け、あるいはトリックと見なすことはできます。しかしそれだけではありません。ユークリッド時空は基本概念であると同時に、われわれが実際の時空と考えているものが単にわれわれの想像の産物でしかないとも見なせます。

ファインマンの経路積分法を宇宙に当てはめると、量子の経路に対応するのは、宇宙の全歴史を表す完全な曲がった時空です。前述した技術的な理由で、こうした湾曲した時空はユークリッド時空でなければなりません。つまり時間は虚であり、空間の方向と区別できないということです。ある性質を持つ実時空が見つかる確率を計算するには、その性質をもつ虚数時間の全経路に付随した波を合計すればいいのです。そうすれば、実時間での宇宙のとり得る経路がわかるでしょう。

無境界条件

実時空にもとづく古典的な重力理論では、宇宙がとれるふるまいは二通りしかありません。無限時間の昔から存在しているか、過去のある有限時間における特異点で始まったかのどちらかです。実際には特異点定理は第二のふるまいであった可能性を示しています。一方、重力量子論は、第三の可能性を挙げています。重力量子論では、時間の方向と空間の方向を同じ条件で扱うユークリッド時空を用いるので、時空が有限の大きさを持ちながら、境界や縁をつくる特異点を持たないことが可能ということです。夕日に向かって船を進めても、縁から落ちたり特異点に突っ込んだりすることはありません。それをわたしが知っているのは、世界中に行ったことがあるからです。

ユークリッド時空が無限虚数時間にさかのぼったり特異点から始まったりしていると、宇宙の初期状態を明確にするという古典理論と同じ問題にぶつかります。神は宇宙の始まり方を知っているかもしれませんが、われわれには宇宙がほかの始まり方ではなくその始まり方をしたと考える特別な理由を示すことはできません。一方、重力量子論は新しい可能性を広げました。重力量子論では、時空に境界はありません。ですから、境界でのふるまいを明確にする必要がありません。科学の法則を破綻させる特異点もありませんし、神や新しい法則を用いて時空の境界条件を設定しなければならない時空の縁もありません。つまりこういうことです。「宇宙の境界条件は境界がないということである」。宇宙は完全に自己完結していて、外部のなにものにも影響を受けないということです。創造も破壊もされません。ただ存在するのです。

時間と空間はともに大きさは有限だが境界や縁のない面を形づくっている可能性がある、とわたしがはじめて発表したのはヴァチカンの会議でした。わたしの研究論文はかなり数学色が強かったため、宇宙の創造に神が果たす役割まで踏み込んでいることは、その時点では指摘されませんでしたし、わたしも気づいていませんでした。ヴァチカンの会議当時、わたしは無境界という考え方をどう使ったら宇宙を予測できるかわかっていませんでした。そしてわたしは、その年の夏をカリフォルニア大学サンタバーバラ校で過ごしていました。そこで友人で仕事仲間のジム・ハートルといっしょに、時空に境界がないとしたときに宇宙が満たさなければならない条件を分析したのです。

強調しておきますが、時空は有限で境界がないというこの考え方は一つの仮説にすぎません。ほかの原理から導き出せる考え方ではありません。ほかの科学理論と同じように、当初は美学的な理由や形而上学的な理由から提唱されることもあるでしょうが、ほんとうの検証は観測結果と合致するような予測をもたらすかどうかです。しかしながら、これは二つの理由から量子重力論での判定はとても困難です。第一に、一般相対性理論と量子力学を結びつける理論がどんなものかについてはかなりのことがわかっていますが、どの理論ならうまくいくのかについてはまだ確証がありません。第二に、全宇宙について詳細に描いているどんなモデルも、数学的に複雑すぎて正確な予測値を算出することができません。ですから予測値は近似値にしかなりませんし、たとえ近似にしても、予測値を得るのが難しい問題であることには依然として変わりがありません。

無境界仮説のもとでは、可能な経路の大半は、それらに続く宇宙が見出される可能性はごくわずかだとわかります。しかしながら可能な経路のうち、ほかよりもはるかに確率が高い特定の一群があります。これらの経路は、それぞれ、地球の表面のように描けます。北極からの距離が虚数時間を表し、緯度線の長さが宇宙の空間的大きさを表します。宇宙は一点として北極点から始まります。南に移動するにつれて、宇宙が虚数時間とともに膨張するように、緯度線は大きくなります。宇宙は赤道で最大の大きさになり、南極でふたたび一点に収縮します。

宇宙が北極と南極でゼロの大きさになりますが、地球上の北極と南極が特異ではないのと同じで宇宙の二つの極点は特異点ではありません。科学の法則は、地球の北極点と南極点で成り立つのと同様に宇宙の始まりでも成り立ちます。

しかしながら実時間での宇宙の経路は、まるで違って見えます。虚数時間での経路の最長値を最小の大きさとして始まったように見えます。それから宇宙はインフレーション・モデルと同じように、実時間で膨張します。ところが、宇宙が何らかのしかるべき状態で創造されたと考える必要はありません。宇宙はきわめて大きく膨張しますが、最終的に実時間での特異点のように見える点へと再崩壊していくでしょう。このように、ある意味で、たとえブラックホールに近づかなくても、われわれには破滅が待っています。虚数時間のことばで宇宙を描写する限り、特異点は存在しません。

古典的な一般相対性理論の特異点定理は、宇宙には始まりがあること、そしてその始まりは量子論で説明されなければならないことを示しました。そこから、宇宙は虚数時間では有限だが、境界や特異点はないかもしれないという考え方につながります。けれどもわれわれが暮らしている実時間に戻ってみると、やはり特異点は存在するように思えます。ブラックホールに落ちた気の毒な宇宙飛行士は悲惨な最期を遂げることになります。虚数時間に生きてさえいれば、特異点に出会わずにすんだのですが。

このことはいわゆる虚数時間がほんとうは基本となる時間で、われわれが実時間と呼んでいるのがただの想像の産物であることを示唆しているかもしれません。実時間では宇宙は時空の境界をつくっている特異点に始まりと終わりを持っていて、そこでは科学の法則は破綻します。ところが虚数時間では、特異点や境界はありません。ですからわれわれが虚数時間と呼ぶものはほんとうはより基本的な時間で、われわれが実時間と呼ぶものは、われわれが考える宇宙を表現するのに便利な想像の産物にすぎないのかもしれません。しかし、第一回講義で紹介した考え方によれば、科学理論はわれわれの観測結果を説明する数学的モデルにすぎません。われわれの頭のなかにしか存在しません。ですから、〝「実」時間と「虚数」時間のどちらがほんとうなの？〟という質問にはなんの意味もありません。どちらのほうがうまく説明できるかというだけのことです。

無境界仮説は、実時間では宇宙がインフレーション・モデルのようにふるまうはずだと予測しているように思えます。とくに興味深いのは、初期宇宙の均一な密度に小さなずれがあった問題です。そうしたずれは、まず銀河を、ついで星を、最後にわれわれのような生物の形成に導いたと考えられます。不確定性原理によれば、初期の宇宙は完全に均一ではあり得ません。むしろ、粒子の位置や速度に不確定性やゆらぎがなければなりません。無境界条件を当てはめると、宇宙は不確定性原理が許す最小限の不均一性から出発したに違いないことがわかります。

宇宙はやがて、インフレーション・モデルのような、急速な膨張期に入ります。この膨張期のあいだ、銀河の起源を説明できるほど十分に大きくなるまで初期の不均一性は増幅します。このように、われわれが宇宙で目にするあらゆる複雑な構造は、宇宙の無境界条件と量子力学の不確定性原理によって説明できるかもしれません。

空間と時間が境界のない閉じた面をつくっているのではないかという考え方は、宇宙の事象に対する神の役割について深遠な意味をはらんでいます。科学理論で事象を説明することに成功すると、大半の人は宇宙が法則にそって進化するのを神が許したのだと信じるようになりました。どうやら神は、そうした法則が破綻してしまう宇宙には介在しないようです。しかし、それらの法則は、宇宙が始まったときにどんな様子だったかを教えてはくれません。時計のぜんまいをまいて、どう動かし始めるかは、依然として神しだいなのです。宇宙に特異点という始まりがあるかぎり、外からの介入によって創造されたと考えられます。しかしほんとうに宇宙が完全に自己完結し、境界も縁もないのであれば、創造も破壊もなされることはありません。たんに存在するだけです。それでは、創造主の立場はどうなるのでしょうか?

第六回講義
時間の方向性

作家のL・P・ハートレーは『恋』という小説に、こう記しています。「過去というのは外国だ。そこでは違ったやり方をする――だがなぜ過去は未来とそんなにも違うのだろう？　なぜわれわれは過去を思い出すのに、未来を思い出さないのだろう？」。言い換えれば、なぜ時間は前進するのか、ということです。それは、宇宙が膨張していることと関連しているのでしょうか？

C、P、T

物理の法則は、過去と未来を区別しません。もっと正確に言うと、物理の法則はC、P、Tと呼ばれる操作を組み合わせても変化しません（Cは粒子と反粒子の入れ替え、Pは鏡像で左右の像の反転、Tはすべての粒子の運動方向の反転、つまり過去に向かって進むことを意味します）。通常の状態で物質のふるまいを支配する物理法則は、CやPを法則自身に作用させても不変です。ことばを換えれば、われわれの鏡像であり反物質でできている、ほかの惑星の住人はまったく同じ暮らしをしています。もしほかの惑星から来た人物に出会って左手を差し出されても、握手をしてはいけません。その人物は反物質でできているかもしれません。一瞬のうちに二人とも消滅してしまいます。物理の法則がCとPの作用で不変で、かつCとPとTの作用でも不変ならば、Tの作用だけでも不変でなければなりません。しかしながら通常の生活では、時間が前進するのと後退するのとでは大きな違いがあります。水の入ったカップがテーブルから落ちて、床に当たって粉々になるところを想像してください。その様子を撮影し映像を再生すれば、前進しているのか後退しているのか簡単にわかるでしょう。巻き戻せば、床に飛び散った破片がいきなりまとまって、カップごとテーブルの上に跳ねて戻るのがわかります。通常の生活ではけっして見ることのないたぐいの現象なので、映像が巻き戻されているとわかります。もしそんなことが起こったら、陶器製造業者は商売あがったりになってしまいます。

時間の矢

ふだん割れたカップがテーブルの上に跳び上がるのをけっして見ないのは、それが熱力学の第二法則に反するから、というのがその説明です。熱力学の第二法則では、無秩序やエントロピーはかならず時間とともに増大するとしています。ことばを換えれば、物事は悪化するという〝マーフィーの法則〟です。テーブルの上の無傷のカップは、秩序の高い状態ですが、床の割れたカップは無秩序な状態です。したがって過去にテーブルの上で完全だったカップが未来に床で割れたカップに移行することはありますが、その反対はありません。

無秩序やエントロピーが時間とともに増大するのは、時間に方向性を与えて過去と未来を区別する、いわゆる「時間の矢」の一例です。時間には少なくとも三種類の矢がありま す。一つ目は、熱力学的な時間の矢です。これは無秩序やエントロピーの増大する方向に進んでいます。二つ目は心理学的な時間の矢です。これはわれわれが経過を感じる進み方をします。過去は覚えているけれども未来は覚えていないというときの進み方です。三つ目は、宇宙論的な時間の矢です。この時間の方向に、宇宙は収縮するのではなく膨張しています。

わたしがこれから論じるのは、心理学的な時間の矢が熱力学的な時間の矢によって左右されることと、この二本の矢がかならず同じ方向に進むことです。もし宇宙は無境界だと仮定すると、宇宙論的な時間の矢とも関連するのですが、三本は同じ方向を向くことはないでしょう。しかしわたしが論じたいのは、二本の矢と宇宙論的な時間の矢が同じ方向を向いたときにかぎり、つぎのような質問を発せられる知的生命体が存在するということです。「どうして無秩序は、宇宙が膨張するのと同じ時間の方向に増大するのか?」

熱力学的な時間の矢

最初に、熱力学的な時間の矢を取り上げます。熱力学の第二法則は、無秩序状態は秩序状態よりも多いという事実にもとづいています。たとえば、箱にジグソーパズルのピースが入っているとしましょう。ピースが一枚の絵を完成させる並べ方は一通りですし、一通りしかありません。一方、ピースが無秩序状態で絵にならない並べ方はとてもたくさんあります。

ある系が数通りしかない秩序状態の一つからスタートしたと仮定しましょう。時間を経るにしたがって、その系は物理法則にしたがって発展し、状態が変化します。その後しばらくした時点で可能性が高いのは、無秩序状態である可能性です。それはひとえに、無秩序状態のほうが多いからです。このように系が高い秩序の初期条件にしたがうと、無秩序は時間とともに増大していく傾向にあります。

ジグソーパズルのピースが絵の状態に並んだ秩序状態からスタートすると仮定してください。箱を振ると、ピースは別の並び方に変わります。するとおそらく無秩序な並び方になり、ちゃんとした絵にはならないでしょう。それはひとえに、無秩序な並び方のほうがずっと多いという理由からです。ピースの一部はまだ絵の状態で並んでいるかもしれませんが、箱を振れば振るほど、絵の一部もこわれていくはずです。ピースはどんな絵にもならずに完全な混乱状態になります。このように高い秩序状態で始まった初期条件にしたがうと、ピースの無秩序は時間とともに増大していきます。

しかしながら、宇宙はどんな状態から始まったとしても、最後には高い秩序状態で終わる、と神が決めたとしましょう。すると、初期の宇宙は無秩序状態かもしれませんが、無秩序は時間とともに減っていきます。割れたカップはくっつき、テーブルの上に跳び上がります。ですがカップを観察している人間もみんな、時間とともに無秩序が減っていく宇宙で生活しています。わたしが言いたいのは、そうした人間は後ろ向きに進む物理的な時間の矢を持っているということです。つまり彼らはその時以降のことは覚えていますが、その時以前のことは覚えていません。

心理学的な時間の矢

脳の働きがくわしくわかっていないので、人間の記憶について取り上げるのはかなり難しいことです。しかしながら、コンピューターのメモリーの仕組みについてはよくわかっています。というわけでコンピューターの心理学的な時間の矢について論じることにしましょう。コンピューターの矢が人間の矢と同じだと見なしても差し支えないと思います。もしそうでなければ、明日の株価を覚えているコンピューターを手に入れて株で一山当てられるでしょう。

コンピューターのメモリーは基本的に、二つの状態のどちらかをとれるデバイスです。たとえるなら針金でできた超伝導のループです。電気が流れると、抵抗がないのでループは電気を流し続けます。一方、電気が流れないと、ループは電気を流さない状態を続けます。この二つの状態は「1」と「0」に分類できます。

項目を記録する前、メモリーは同じ確率で1にも0にもなれる無秩序な状態です。記憶すべきかどうかシステムと情報のやり取りをした後、メモリーはシステムの状態にしたがって、まちがいなく二つの状態のどちらかをとります。このようにメモリーは無秩序状態から秩序状態へと移行します。けれどもメモリーが正しい状態にあるかどうかを確かめるには、一定量のエネルギーが必要です。このエネルギーは熱を放出し、宇宙の無秩序を増大させます。メモリーの秩序状態が増大するよりはるかに、無秩序状態のほうが増大します。したがってコンピューターがメモリーに一つの項目を記録すると、宇宙の無秩序の総量は増大します。

過去を記憶するコンピューターの時間の方向は、無秩序が増大する時間の方向と同じです。時間の方向というわれわれの主観的な感覚、言い換えれば心理学的な時間の矢は、熱力学的な時間の矢によって左右されます。これは、熱力学の第二法則をほとんど自明にします。無秩序が時間とともに増大するのは、無秩序が増大する方向に向かってわれわれが時間を計るからです。これ以上に確実なことがあるでしょうか。

宇宙の境界条件

それにしてもどうして、宇宙はわれわれが過去と呼ぶ時間の一方の端で高い秩序状態にあったのでしょうか？　どうして、完全な無秩序状態をずっと保っていないのでしょうか？　いずれにしても、無秩序状態のほうが起こる可能性が高いように思えます。それにどうして、無秩序が増大する時間の方向は、宇宙が膨張する時間の方向と同じなのでしょうか？　考えられる一つの答えは、膨張期の始まりに宇宙が滑らかで秩序状態にあることを単に神が選択したからというものです。われわれはその理由を理解しようとすべきではないし、神にその理由をたずねようとすべきでもありません。なぜなら宇宙の始まりは神の業だからです。それどころか宇宙の歴史すべてが神の業だといえるでしょう。

宇宙は明確な法則にしたがって進化してきたように見えます。それらの法則は神が定めたのかもしれませんし、そうではないかもしれませんが、われわれは発見し理解することはできるようです。だとしたら、宇宙の始まりに同じ法則もしくは似た法則が成り立っていたと考えることには無理があるでしょうか？　古典的な一般相対性理論では、宇宙の始まりは時空の曲率における無限大の密度を持つ特異点でなければなりません。そうした条件のもとでは、既知の物理の法則はすべて破綻します。そのため、宇宙がどのように始まったかを予測するのに既知の法則は使えません。

宇宙はとても滑らかで秩序ある状態で始まったのかもしれません。すると私たちが観測しているような、明確な熱力学的な時間の矢と宇宙論的な時間の矢に結びつきます。一方で宇宙がきわめてでこぼこした無秩序な状態から始まった可能性も同じようにあります。その場合、宇宙はすでに完全な無秩序状態で、時間とともに無秩序が増大できる状態ではなかったでしょう。無秩序は、明確な勢力学的な時間の矢がない状態として一定にとどまるか、さもなければ、熱力学的な時間の矢が宇宙論的な矢と反対方向を指すように、減少するでしょう。どちらの可能性も、われわれの観測とは一致しません。

すでに述べたように、古典的な一般相対性理論は、時空の曲率が無限大の特異点で宇宙が始まったと予測しています。実のところこれは、古典的な一般相対性理論が自らの破綻を予測したということです。時空の曲率が増大すると、量子重力効果が重要な意味を持ち、古典的な一般相対性理論は宇宙の詳細な説明ではなくなってしまいます。宇宙がどのように始まったかを理解するには、重力量子論を用いる必要があるのです。

重力量子論では、宇宙のとり得るあらゆる経路を考慮します。それぞれの経路には、関連する二種類の数値があります。一つは波の大きさを表し、もう一つは波の位相、つまり波が頂点にあるか谷にあるかを表します。特定の性質を持つ宇宙の可能性は、その性質を持つ経路すべての波の総和によって得られます。経路は、宇宙の進化に合わせて湾曲した空間になるでしょう。さらに、宇宙のすべての可能な経路が、過去の時空の境界でどのようにふるまうかも言わなければなりません。われわれには、過去の宇宙の境界条件はわかりませんし、わかりようがありません。しかし宇宙の境界条件が無境界だというのであれば、この問題を回避することはできます。ことばを換えれば、可能な経路全体は、広がりが有限であり、かつ境界も縁も特異点も持ちません。地球の表面にも似ていますが、次元はさらに二つあります。その場合、時間の始まりは時空のなかの通常の滑らかな一点です。これはつまり、宇宙がとても滑らかで秩序ある状態で膨張を始めたことを意味しています。量子論の不確定性原理に反することになるので、宇宙は完全に均一ということはありません。粒子の密度と速度には小さなゆらぎがあったはずです。しかしながら無境界条件は不確定性原理と矛盾することなく、そうしたゆらぎをできるかぎり小さくします。

宇宙は指数関数的な、もしくは「インフレーション」的な膨張期にスタートしたのでしょう。その場合、きわめて大きな規模で大きさが増大します。この膨張のあいだ、密度のゆらぎは最初は小さなままですが、やがて大きくなり始めます。平均より少し密度の高い領域では、余分な質量の重力の引力によって膨張の速度が落ちます。最終的にそうした領域は膨張をストップし、崩壊して銀河や星やわれわれのような生命体をつくります。

宇宙は滑らかで秩序ある状態から始まり、時間を経るにつれてでこぼこの無秩序な状態になるでしょう。これは熱力学的な時間の矢の存在を説明しています。宇宙は高い秩序状態で始まり、時間とともにさらに無秩序状態になります。これまでに説明したように、心理学的な時間の矢は熱力学的な時間の矢と同じ方向を向いています。そのためわれわれの時間に対する主観的な感覚は、収縮をしているときとは逆方向の、宇宙が膨張しているときの方向に向いています。

時間の矢は反転する？

それでも宇宙が膨張をやめてふたたび収縮を始めたら、どういうことが起こるのでしょうか？　熱力学的な矢は反転して、時間とともに無秩序が減少し始めるのでしょうか？　それにより、膨張期から収縮期を生き延びた人たちにあらゆるＳＦ的な可能性が出てくるでしょう。割れたカップがくっついて元のテーブルの上に跳び上がるのを見ることになるのでしょうか？　明日の株価を記憶しておき、株式市場で一財産を築けるのでしょうか？

あと少なくとも一〇〇億年は収縮を始めないでしょうから、宇宙が再崩壊したらどうなるかを心配するのはやや非現実的に思えます。ですが何が起こるかを知るてっとり早い方法はあります。ブラックホールに飛び込むことです。星が崩壊してブラックホールになる状況は、全宇宙が崩壊する末期の段階にかなりよく似ています。ですから宇宙の収縮段階で無秩序が減少すると、ブラックホールの内部でも無秩序が減少することになります。そのためブラックホールに落ちた宇宙飛行士は、賭ける前にルーレットの球がどこに落ちたかを思い出して掛け金をせしめることができるかもしれません。ただ残念ながら、宇宙飛行士は非常に強い重力場の影響でスパゲッティのようになってしまうので、たいして賭けを楽しむ時間がありません。熱力学的な時間の矢の反転をわれわれに知らせることもできませんし、賭けで勝った金を銀行に預けることもできません。宇宙飛行士は、ブラックホールの事象の地平の向こうに閉じ込められてしまうからです。

わたしは最初、宇宙が再崩壊すると無秩序は減少すると信じていました。ふたたび小さくなると、宇宙は滑らかで秩序ある状態に戻るはずだと考えたからです。これは、収縮期は膨張期の時間を反転させたようなものだということを意味しています。収縮期にいる人たちは、過去に向かって生きていくことになります。生まれる前に死に、宇宙が収縮するにつれて若返っていくのです。この考え方は魅力的です。膨張期と収縮期のあいだにきれいな対称性があることを意味するからです。しかしながらそれだけで、宇宙に関するほかの考え方と無関係に、この考え方をとり入れるわけにはいきません。つぎのような問題があるからです。この考えは無境界条件に含まれるのか、それとも無境界条件と矛盾するのかという問題です。

前述したとおり、わたしは最初、無境界条件は収縮期に無秩序が減少することを意味しているはずだと信じていました。この考えのベースになったのは、崩壊期は膨張期とは時間が反転しているように見えるという単純な宇宙モデルに関する研究でした。しかし、わたしの仕事仲間のドン・ページが、無境界条件は収縮期の時間が膨張期の時間の反転であることを必ずしも要求するものでない、と指摘しました。さらにわたしの学生のレイモンド・ラフレームは、やや複雑なモデルで、宇宙の崩壊が膨張とはまるで違うことを発見しました。わたしは自分が間違っていたことに気づきました。実は無境界条件は、無秩序は収縮中も増大し続けることを意味していたのです。熱力学的な時間の矢と心理学的な時間の矢は、宇宙が再収縮を始めるときもブラックホールのなかでも、反転することはありません。

自分がそんな間違いを犯していたと気づいたら、人はどうすべきなのでしょう? エデイントンのように、けっして間違いを認めない人もいます。彼らは新たな、往々にして前の発見と矛盾する発見を続けて自己弁護をします。ほかには、最初から誤った考え方を本気で支持していたわけではないと言い張る人もいれば、支持したとしても、あくまでその考え方が矛盾していることを明らかにするためだったと言い張る人もいます。その手の主張はいくらでも挙げることができますが、自分の評判を下げるだけなのでわたしはそうするつもりはありません。自分が間違っていたと紙上で認めるほうがずっとましですし、混乱もすくなくてすむように思えます。そのよい例がアインシュタインです。アインシュタインは、静止宇宙モデルをつくろうとして導入した宇宙定数について、生涯最大の過ちだったと認めています。

第七回講義

万物の理論

すべてをひっくるめた万物の完璧な統一理論を構築するのは、きわめて難しいことです。そこでわれわれは、部分的な理論の発見を重ねることで前進してきました。こうした理論が示すのは、限られた範囲の出来事にすぎず、ほかの影響を無視したり、一定数で近似値を求めたりしています。たとえば化学では、原子核の内部構造を知らなくても、原子の相互作用を算出できます。しかし最終的に見つけたいのは、こうした部分理論を近似法としてすべて包括する、完全な矛盾のない統一理論です。そうした理論の探求は、「物理学の統合」と呼ばれています。

アインシュタインは晩年の大半を統一理論の探求に注ぎましたが、機が熟していなかったため失敗に終わっています。当時は、核力についてほとんどわかっていませんでした。しかもアインシュタインは量子力学の発達の過程に大きな役割を果たしましたが、量子力学の本質を信じようとしませんでした。しかしながら不確定性原理は、われわれが暮らす宇宙の基本的特徴であるように思えます。したがって有効な統一理論には、この原理を取り入れる必要があります。

そうした理論を見出す見込みは、今ではかなり高くなっているようです。宇宙についてずいぶん多くのことがわかってきたからです。とはいえ、自信過剰は禁物です。これまで何度も当てにならない期待を抱かされてきたのですから。たとえば二〇世紀のはじめ、すべての物事は、弾性や熱伝導といった連続的な物質の性質によって説明できると考えられました。その期待を打ち砕いたのは、原子構造と不確定性原理の発見でした。その後の一九二八年にはふたたび、マックス・ボルンがゲッティンゲン大学を訪問した一団にこう語ったのです。「われわれの知る物理学は、あと六か月でおしまいです」。ボルンの自信は、直前にディラックが発見した電子を支配する方程式が根拠でした。陽子を支配する同様の方程式もありました。当時は、粒子のなかでその二種類しか知られていなかったので、理論物理学はおしまいになるはずでした。しかし中性子と核力の発見によって、またもやその期待も打ち砕かれました。

そうはいってもまだ、今や自然の究極的な法則の探求の最終段階は近いという慎重な楽観論を持つだけの根拠はあるとわたしは信じています。目下のところ、われわれには数多くの部分的理論があります。一般相対性理論や、部分的な重力理論、弱い力や強い力、そして電磁力を支配する部分的な理論があります。あとの三つの力の理論はいわゆる大統一理論としてまとめられています。ただしこれは重力を含んでいないのであまり感心できません。重力とほかの力を統合した理論が見つけにくい主な理由は、一般相対性理論が古典的な理論だという点にあります。この理論は、量子力学の不確定性原理に組み込めません。一方、ほかの部分的理論は、本質的に量子力学によって決まります。ですから必要な第一歩は、一般相対性理論を不確定性原理に組み込むことです。すでに取り上げてきたように、それができれば、ブラックホールは黒くなかったとか、宇宙は完全に自己完結していて境界がない、など目覚ましい成果が得られるはずです。悩みの種は、不確定性原理が空っぽの空間でも仮想の粒子と反粒子の対でいっぱいになっているとしていることです。こうした対は無限大のエネルギーを持ちます。これは、その重力が宇宙を無限の小ささにまで湾曲させてしまうことを意味します。

同じような、一見あり得ないような無限性は、ほかの量子論でも起こります。ただしこうしたほかの理論の場合、無限性は繰り込みと呼ばれる手法で相殺できます。理論上の粒子の質量や力の強さを同じ量の無限大で調整するのです。この手法は数学的にかなりあやしげですが、どうやら実践的にはうまくいくようです。この手法を使って、みごとな精度で観測結果と一致する予測がなされています。しかし繰り込みには、完全な理論を見つけるという観点からみると深刻な欠陥があります。無限大から無限大を引くと、答えは何でも好きな数値になってしまいます。質量や力の強さの実効値は、理論からは予測できないということです。むしろ観測結果のほうを調整しなければならなくなります。一般相対性理論の場合、調整できる量は二種類だけです。重力の強さと宇宙定数の値です。しかしこれらを調整しても、すべての無限大を取り消すには足りません。したがってそこから得られる理論は、時空の曲率など一部の量は実際に無限大だと予測しますが、それらの量はほんとうは有限であることが観測されることになります。この問題を克服するために、一九七六年に「超重力」と呼ばれる理論が発表されました。この理論は実のところ、一般相対性理論にいくつかの粒子を加えただけのものでした。

一般相対性理論では、重力は重力子と呼ばれるスピン2の粒子をもっていると考えられます。この考え方に、スピン3／2、1、1／2、0の新たな粒子を加えるのです。ある意味で、これらの粒子はみな、同じ「超粒子」の異なる側面と見なすことができます。スピン1／2と3／2の仮想の粒子／反粒子の対は負のエネルギーを持ちます。ですから、スピン0、1、2の正のエネルギーを持つ仮想粒子対と打ち消し合う性質を持ちます。このようにして、多くの無限大の可能性は打ち消されますが、一部の無限大は依然残ったままになるかもしれません。それでも打ち消されずに残る無限大があるかどうかを確認するために必要な計算は非常に長くて難解なので、だれもそれを引き受けようとしません。コンピューターを使ったとしても、少なくとも四年はかかると考えられました。少なくとも一つ、あるいはそれ以上の計算間違いを犯す可能性は非常に高いでしょう。ですからほかのだれかが計算をし直して同じ答えが得られないかぎり、正しい答えが得られたのかどうかはわからず、またその可能性が高いようには見えませんでした。

こうした問題があったため、いわゆるひも理論を支持するほうへと論調が変化します。ひも理論では、基本的な対象は空間の一点を占める粒子ではありません。むしろ、長さはあるけれどもほかの次元は持たない、限りなく細いループ状のひものようなものです。粒子は一瞬ごとに空間の一点を占めます。ですからその経路は、「世界線」と呼ばれる時空内の線として表せます。一方、ひもは一瞬ごとに空間の一つの線を占めます。ですからその時空の経路は「世界面」と呼ばれる二次元の面になります。世界面のどの点も、二種類の数字で表せます。一つは時間、もう一つはひもの上の位置を示します。ひもの世界面はシリンダーやチューブのような形状です。チューブの断面は円形で、ある特定の時刻のひもの位置を表します。

二本のひもが組み合わさって一本のひもになることもあります。二本の脚をくっつけたズボンのようなものです。同じように、一本のひもが二本に分かれることもあります。ひも理論では、それまで粒子と考えられていたものを、物干しロープの揺れのように、ひもを伝わる波として描けます。ある粒子がほかの粒子から放出されたり吸収されたりするのは、ひもの分割や結合に当たります。たとえば地球に対する太陽の重力は、Hの形をしたチューブやパイプに相当します。ひも理論はある意味では、配管工事のようなものです。Hの二本の縦の辺は太陽と地球の粒子に対応し、横棒は太陽と地球のあいだを伝わる重力に対応します。

ひも理論には奇妙な歴史があります。もともとは一九六〇年代に強い力を説明する理論を見出そうとして考案されました。陽子や中性子のような粒子はひもを伝わる波として見なせるという考えでした。粒子のあいだの強い力は、クモの巣状にひもとひもをはりめぐらした状態に相当します。この理論が粒子のあいだの強い力の観測値を示すには、ひもは一〇トンの張力をもつゴムひものようなものでなければなりませんでした。

一九七四年、ジョエル・シャークとジョン・シュワルツは論文を発表し、ひも理論で重力を説明できることを示しました。ただし、ひもの張力がきわめて大きく、約一〇の三九乗トンでなければなりませんでした。このひも理論の予測は一般相対性理論の予測と通常の長さの規模では同じでしたが、一〇のマイナス三三乗センチメートル以下のとても小さな距離ではどうしても一致しませんでした。しかし二人の研究はあまり注目されませんでした。ちょうどそのころ、大半の人たちは強い力を説明する本来のひも理論に見切りをつけていたからです。シャークは悲劇的な状況で世を去ります。糖尿病を患っていたシャークが昏睡状態に陥ったとき、だれも周りにいなくてインシュリンを注射してもらえませんでした。こうして残されたシュワルツはほとんどただ一人のひも理論支持者となりました。しかも今度は、さらに高い張力値を主張しました。

一九八四年、ひも理論は突如としてふたたび関心を集めます。それには二つの理由があったようです。一つは、超重力が有限であることの説明や、われわれが観測するさまざまな粒子の説明にたいした進歩がなかったためです。もう一つは、ジョン・シュワルツとマイク・グリーンの論文が発表されたためです。ひも理論で、われわれが観測する一部の粒子のように、左巻きの性質を内蔵する粒子の存在を説明できることを示しました。理由はなんであれ、多くの人たちがまもなくひも理論の研究を始めます。新たなバージョンのひも理論、いわゆるヘテロ型ひも理論が考案されました。それにより、われわれが観測するさまざまな型の粒子を説明できるかに思えました。

ひも理論もやはり無限大に導かれますが、ヘテロ型ひも理論のような別バージョンのひも理論では無限大は打ち消せると考えられます。ところがひも理論には大きな問題がありました。時空が通常の四次元ではなく、一〇次元もしくは二六次元の場合にのみ矛盾がなくなるようなのです。もちろん余分な時空は、ＳＦでは珍しくありません。いやむしろ、ほとんど不可欠です。さもないと、一般相対性理論では光よりも速く旅することはできないので、遠すぎてほかの銀河に旅することも、われわれの銀河を旅することもできないことになってしまいます。より高次の次元を通過する近道があるかもしれない、というのがＳＦの考え方です。これはつぎのように想像することができます。われわれが暮らす空間には二つの次元しかなく、ドーナツやトーラスの表面のように湾曲していると仮定しましょう。そのリングの片側にいて反対側の一点に行くとしたら、リングをぐるっと回っていかなくてはなりません。しかし三次元を旅することができれば、まっすぐに突っ切って行けます。

もしほかにも次元があるとしたら、なぜわれわれはそれに気づかないのでしょうか？なぜわれわれには、空間の三つの次元と時間の一つの次元しかわからないのでしょうか？ほかの次元がきわめて小さく、一〇の三〇乗分の一インチ程度に湾曲しているというのがその答案です。あまりに小さすぎてわれわれは気づいていないだけだというのです。われわれに見えるのは一つの時間次元と三つの空間次元だけで、そこでの時空は完全に平坦です。オレンジの表面のようなものです。近くで見ると湾曲してでこぼこがありますが、遠くから眺めれば、でこぼこは見えずに滑らかに見えます。時空の場合も同じです。ごく小さい規模では、一〇次元で大きく湾曲しています。しかしながらもっと大きな規模だと、湾曲もほかの次元も見えません。

この描像が正しければ、宇宙旅行希望者にとっては暗いニュースです。余分な次元は小さすぎて宇宙船で通り抜けられないからです。しかし、それによって大きな問題がもう一つ生じます。どうして全部ではなく、一部の次元が小さなボールのなかにねじ曲げられているのでしょうか？　おそらく初期の宇宙では、すべての次元が大きくねじ曲がっていたでしょう。でもどうして三つの空間次元と一つの時間次元だけが平坦になり、ほかの次元はきつくねじ曲がったままなのでしょうか？

考えられる答えの一つに、人間原理があります。二次元空間ではわれわれのような複雑な生命体を発達させるには、不十分だったのでしょう。たとえば一次元の地球で暮らす二次元の人間は、すれ違うのに相手を乗り越えなくてはなりません。二次元の生き物が消化しきれないものを食べると、のみ込んだのと同じところから消化しきれなかったものを排泄しなければなりません。体のなかを貫通する通り道があると、生き物は二つに切り離されてしまうからです。同じように、二次元の生き物に血液を循環させる方法も考えにくいでしょう。

空間次元が三つより多い場合も問題があります。二つの天体のあいだの重力は、三次元の場合よりも急速に距離とともに減少します。これは、太陽の周りを回る地球のような惑星の軌道が不安定になるということです。ほかの惑星の重力によって引き起こされるなどした円軌道のわずかな乱れによって、地球は螺旋を描いて太陽から離れるか太陽に突っ込むことになるでしょう。われわれは凍えるか燃え上がることになります。それだけでなく距離とともに重力がこのようにふるまうと、太陽も不安定になります。太陽はばらばらになるか、崩壊してブラックホールになるでしょう。どちらの場合でも、地球上の生物にとって熱と光の源としてあまり役には立ちません。もっと小さな規模では、電子に原子のなかの核の周りを回らせる電気力は、重力と同じようにふるまいます。そのため電子は原子からいっせいに逃げるか、原子核に螺旋を描いて突っ込むことになります。どちらの場合も、われわれが知るような原子はなくなるでしょう。

少なくともわれわれが知るような生命体はどうやら、三つの空間次元と一つの時間次元が小さく縮こまっていない時空領域でしか生きられないようです。それはつまり、少なくともひも理論が宇宙のそうした領域の存在を認めれば、人間原理に訴えられるということです。事実、どのひも理論もそうした領域を認めているようです。宇宙にほかの領域があることや、ほかの宇宙（それがどんな意味であれ）ですべての次元が小さく縮こまっていたり四つ以上の次元がほぼ平坦だったりすることは、十分考えられます。しかし、実効次元数がわれわれのとは異なるそのような領域には、次元の数を観測するような知的生命体の存在は不可能です。

時空にあると思われる次元の数の問題は別にしても、ひも理論にはまだほかにも、究極の統一物理理論と称賛する前にいくつか解決すべき問題があります。すべての無限大が互いに打ち消し合うのか、ひもの上の波をわれわれが観測する特定の種類の粒子とどう結びつければいいのかはまだわかっていません。いずれにしても、こうした問題に対する答えは数年のうちに発見されるかもしれませんし、ひも理論がほんとうに長年追い求めてきた物理の統一理論なのかどうかも今世紀末までにわかるかもしれません。

万物の統一理論は、ほんとうに存在しうるのでしょうか？　われわれは幻を追っているだけではないのでしょうか？　これについてはつぎの三つの可能性があるでしょう。

・完全な統一理論はほんとうにあり、われわれが十分に優秀であればいずれ発見できる。
・宇宙の究極の理論などない。あるのは、宇宙をよりいっそう正確に記述しようと際限なく改訂される理論のみ。
・宇宙の理論などない。事象はある程度以上は予測できず、無作為かつ恣意的に起こる。

完全な法則があるとしたら、考えを変え世界に介入する神の自由意志を侵害することになるという理由で、第三の可能性を支持する人たちもいます。これはどこかつぎの古いパラドクスに似ています。「（全能である）神は、自分で持ち上げられないほど重い石をつくれるのか？」。神が考えを変えるかもしれないという考えは、聖アウグスティヌスが指摘した、時間のなかに神が存在すると考える誤った推論の一例です。時間は、神の創造した宇宙の特性のひとつにすぎません。おそらく神は、宇宙を創造したときに自分の意図するところをよくわかっていたはずです。

量子力学が出現すると、事象を完全に正確に予測することはできないこと、そしてかならずある程度の不確定性があることにわれわれは気づかされました。もしそうしたいのであれば、このランダム性を神の介入のせいにすることもできるでしょう。けれどもそうだとしたら、介入の仕方がひどく奇妙です。何らかの目的に向かって方向づけされているという証拠がいっさいないのです。だいたい目的があるとしたら、ランダムではないはずです。現代のわれわれは、科学の目的を再定義することで第三の可能性を事実上、排除してしまいました。われわれの目的は、不確定性原理が破綻しない範囲内の事象を予測できる法則を構築することです。

理論が際限なく改訂されるという第二の可能性は、これまでのところわれわれのすべての経験と合致しています。われわれは幾度となく測定の精度を高めたり新たな観測をおこなったりしたことで、既存の理論で予測しきれない新たな現象を発見してきました。そうした発見を説明するために、さらに高度な理論を構築する必要にせまられました。ですから、より大きく、より高性能な粒子検出装置で分析したら現在の大統一理論の破綻が見つかったということになったとしても、それほどの驚きはありません。むしろ破綻が見つからないとわかっているとしたら、多額の資金をつぎ込んでより高性能な装置をつくることに意味がなくなってしまいます。

しかしながら、重力はこの一連の「箱のなかの箱」に限界を設けているようです。もしプランク・エネルギーと呼ばれる一〇の一九乗ギガ電子ボルト以上の高いエネルギーを持つ粒子があったら、その質量はとても凝縮しているので、宇宙のほかの部分から切り離されてブラックホールになってしまいます。このように改訂に改訂を重ねた理論は、より高いエネルギーに向かうにつれ、何らかの限界にぶつかるように思えます。究極の宇宙理論があってもおかしくありません。もちろん、現在のところ実験室でつくり出せる最大で一〇〇ギガ電子ボルト程度のエネルギーは、プランク・エネルギーにはるかにおよびません。このギャップを埋めるには、太陽系よりも大きい粒子加速器が必要でしょう。目下の経済情勢では、そんな加速器に資金を援助してもらえるとは思えません。

しかし宇宙のごく初期段階は、そうしたエネルギーが生じる領域だったのです。初期宇宙の研究や数学的な無矛盾性の要求から、今世紀末までに統一理論が完成する可能性は大いにあるでしょう。もっともそれは、われわれが自滅していなければの話ですが。

もしほんとうに究極の宇宙理論が発見されたら、どういうことが起こるのでしょうか？宇宙を理解するための闘いの歴史のなかの長く輝かしい一つの章に終止符が打たれます。

一般の人たちも飛躍的に、宇宙を支配する法則を理解するようになるでしょう。ニュートンの時代、人類の知識の全容の少なくとも概略を理解できたのは、教養人だけでした。ところがそれ以降、科学の進歩が急速だったため教養人も理解できなくなります。新たな観測結果を説明するために、つねに理論が書き換えられていました。一般の人たちが理解できるくらい、きちんと要約されたりかみ砕かれたりすることはありませんでした。理解するには専門家になるしかありませんでしたが、なったとしてもせいぜい科学理論のごく一部をきちんと理解する程度でした。

そのうえ、進歩があまりにも速いので、学校や大学で学ぶことはきまって少し時代遅れでした。急速に進歩する知識の最前線についていけるのは、ごく一握りの人だけでした。しかも彼らは大半の時間をそれに割いて、小さな領域の専門家になるしかありません。残りの人たちは、そのとき進行中の進歩も、生まれつつある興奮もほとんど知りませんでした。

七〇年前、エディントンのことばを信じれば、一般相対性理論を理解しているのは二人しかいませんでした。今では何万人もの大学出身者が理解していますし、数百万という人たちがこの考え方を少なくとも知ってはいます。完全な統一理論が発見されたら、同じように、要約されかみ砕かれるのは単なる時間の問題になるでしょう。学校で、少なくとも概要については教えるようになるはずです。そうすればわれわれはみんな、宇宙を支配しわれわれの存在の根源となった法則をそれなりに理解することになります。

アインシュタインはつぎのような質問をしたことがあります。「宇宙を創造するとき、神はいくつ選択肢を持っていたんだい？」。もし無境界仮説が正しければ、神には初期状態を選択する自由はまったくありませんでした。もちろん神は、宇宙を支配する法則を選択する自由は持っていました。しかし実際には、たいした選択肢ではなかったかもしれません。自己完結し、かつ知的生命体の存在を許す完全な統一理論は、ただ一つと言わずともその数は小さいでしょう。

公式と方程式を組み合わせただけの統一理論が一つしかできないとしても、神の存在についてわれわれは問うかもしれません。方程式を構築するよう焚《た》きつけ、宇宙を方程式で記述させたのは何者なのでしょうか？　数学的モデルを構築する科学の通常の手法は、どうして宇宙をモデルで記述しなければならないのかという疑問に答えを出せません。どうして宇宙はわざわざ存在しているのでしょうか？　統一理論は、自らの存在を説明できるくらい説得力があるのでしょうか？　それとも創造主が必要なのでしょうか？　だとしたら、神は存在せしめたこと以外に、宇宙に何らかの影響をおよぼしているのでしょうか？それに、神を創造したのはだれなのでしょうか？

これまでのところ、大半の科学者は宇宙を記述する新理論を考えるのに忙しく、なぜという問いを発していません。その一方で、なぜという問いを発するのが仕事の人たち、つまり哲学者たちは、科学理論の進歩についていけずにいます。一八世紀の哲学者は、科学も含め、人類の全知識が守備範囲でした。彼らは「宇宙に始まりはあるのだろうか？」といった問題について議論していたのです。しかし一九世紀から二〇世紀にかけての科学は、ごく一部の専門家をのぞき、哲学者にとってもほかの人たちにとってもあまりに技術的で数学的になりすぎました。哲学者が探求の範囲を大幅に狭めてしまったため、二〇世紀の最も有名な哲学者ウィトゲンシュタインはこう語っています。「哲学者に唯一残された仕事は、言語の分析です」。アリストテレスからカントまで、偉大な伝統を持つ哲学のなんという落ちぶれようでしょう。

けれどもわれわれが完全な理論を発見すればいずれ、ごく一部の科学者にだけではなく、だれにでも理解できる大原則になるはずです。そうしたら、われわれもみんな宇宙が存在する理由についての議論に参加できるようになるでしょう。その答えが見つかれば、人類の理性が究極の勝利を遂げたことになるのです。そのとき、われわれは神の心を知ることになります。

用語解説

ビックバン

宇宙の起源と進化に関する広く容認されている理論。宇宙は高温で高密度の初期状態から発生し、それ以来ずっと膨張し続けているという考え。ビッグバンと対立する定常宇宙論を唱えたホイルが、侮蔑の意味を込めて「ビッグバン」と名付けた。

ブラックホール

脱出速度が光速を凌駕するほど強い重力をもつ天体。ブラックホールが形成されると信じられている一つの過程は、大質量の星がその生涯の終わりに崩壊するときである。崩壊する天体は、その半径がシュワルツシルト半径と呼ばれる臨界値にまで収縮するときブラックホールになり、光はもはやそこから逃れられない。この臨界半径をもつ表面を事象の地平といい、その内部にすべての情報が閉じ込められる境界をなしている。したがってブラックホール内の事象は外部から観測できない。

定常宇宙論

宇宙は膨張しているが、あらゆる場所で時間が経過しても宇宙の物質の密度に変化はないとする理論。その理由は無からつねに連続して物質が創生されるからというものであったが、一九六五年に発見された宇宙背景放射によって理論に矛盾が生まれ、ビッグバン理論が有力となった。

一般相対性理論

一九一五年にアインシュタインが発表した理論で、空間と時間が物質の重力場によってどのように影響を受けるかを記述するもの。この理論は、重力場によって時空が湾曲することを予言する。

特異点

ある物質量が無限大となる数学的な点。一般相対性理論によると、時空の曲率（時空がどれだけ曲がっているかを示す数値）はブラックホールで無限大となる。ビッグバン理論では、物質の密度と温度が無限大である特異点から宇宙が生まれたとされる。

量子力学

電子、原子・分子、原子核などの微視的な現象では、波動と粒子の二重性が顕著である。このような微視的現象を一般的に取扱う理論体系を量子力学という。量子力学は、物質粒子の数が変わらない現象に対してあてはまるが、さらに粒子数の変わるような現象（放射、吸収、崩壊など）を扱うには、それを場の量子論まで拡張しなければならない。

不確定性原理（＝不確定性関係）

一．量子力学の数学的定式化が完成した後、波動と粒子の二重性を、直感的物理的に理解するためにハイゼンベルクが導いた関係。ハイゼンベルクの不確定性原理ともよばれる。

二．量子力学においてはある観測可能量を正確に測定すれば、他の観測可能量の値に関する知識に必然的に不確定性を生ずるという原理。

惑星

自らは光を放出しないで、太陽あるいは他の星を公転する星。

恒星

太陽のように自ら光を出す星。

万有引力の法則

一六八七年にニュートンが提唱した法則。任意の二つの物体はそれらの質量の積をそれらの間の距離の平方で割った値に比例する力で互いに引き合うという法則。

斥力

二つの物体間に動く力のうち、互いにその物体を遠ざけるように働くもの。引力の対語。

星間物質

星間空間に存在する物質。星間媒質ともいう。銀河系の星間物質は質量でいって99%のガスと1%の塵粒子からなる。

潮汐

月と太陽の潮汐力によって引き起こされる地球の海洋の上昇と下降。地球の中心では、地球–月系の重心を回る地球の運動による遠心力が重力とつり合っている。

潮汐力

天体が他の天体に作用して潮汐を生じさせる力。潮汐力は潮汐を生じさせる天体の質量と二つの天体間の距離に依存する。

氷河期

通常は氷期のこと。時には氷期と間氷期との繰り返された氷河時代を指すこともある。

天の川銀河（銀河）

星が重力で結びつけられて構成する系。星間ガスおよび塵を含むものも多い。銀河は宇宙の中で目に見える主要な構造である。100万個より少ない星を含む矮小銀河から10^{12}個以上の星を含む超巨大銀河まであり、また直径も数百光年以上にわたる。銀河は孤立しているものもあるかもしれないが、普通は局部銀河群のような小群、あるいはおとめ座銀河団のような大規模銀河団に含まれる。

光度

星が放出する放射の全量で、星間吸収に対する補正をした値で示す。

渦巻腕

渦巻銀河（およびいくつかの不規則銀河）のディスクで、若い星、星団、星雲、および塵が集中して作る渦巻状の構造。ある銀河は明確な二つの腕をもつ渦巻き模様をもつが、別の銀河では腕の数は三つあるいは四つのものもあり、時には断片的な腕をもつ銀河もある。

スペクトル

一．波長あるいは周波数の順に配列された電磁波のエネルギー。輝線スペクトルは、物体が加熱されるか、電子あるいはイオンによって衝撃を受けるか、または光子を吸収するときに放出するスペクトルである。吸収スペクトルは連続スペクトル中に暗い線、あるいは帯をもつ。

二．可視光を可視分光器やプリズムを通して見るときに生じる色のついた帯。

ドップラー効果（ドップラー偏移）

放射源と観測者の間の相対運動の結果として起こる電磁波の波長変化。源が観測者の方向へ接近している場合は、波長は短く、スペクトル線はスペクトルの青色側に偏移する（青方偏移）。源が後退している場合は、波長は長くなり、スペクトル線はスペクトルの赤色側に偏移する（赤方偏移）。

赤方偏移

天体からの光の波長がドップラー偏移あるいは宇宙の膨張のために長くなる（すなわ

ち、赤い方に移動する）量をいう。

臨界速度

管の中を流れる超流体も、その速度が一定値以上になると管壁との間に摩擦が生じ、永久に流動を止め、流れは減衰する。この限界の速度を臨界速度とよぶ。

宇宙定数

静止宇宙に対応する解を得るためにアインシュタインが一般相対性理論の方程式に導入した数学項。この項は空間自身が及ばず一種の圧力あるいは（反対の記号を持つならば）弾力を記述する。これは物質が存在しなくても宇宙を膨張あるいは収縮させることができる。宇宙の膨張が発見されたとき、アインシュタインはこの項の導入が誤りだったと見なした。それにもかかわらず、多くの宇宙研究者はいぜんとして宇宙定数の存在を主張しており、この定数はインフレーション宇宙における加速膨張の原因として再登場した。

ベル研究所

アメリカの大手電話会社だったＡＴ＆Ｔの研究開発部門として設立。数学・物理学の研究分野で、トランジスタやレーザーの開発を行なう。ノーベル賞受賞者も数多く輩出。

ダークマター（暗黒物質）

黒の銀河の運動に対する効果からその存在は推測されるが、ほとんどあるいはまったく放射を出さないので直接見ることができない物質。ミッシングマスともいう。宇宙における質量の90％は何らかの暗黒物質の形で存在すると考えられる。

曲率

通常は三次元ユークリッド空間内の曲線や曲面の上の各点におけるそれらの曲がりぐあいを表現する量のことをいう。空間曲線についてはその接線の向きが曲線に沿って変化する割合を曲率（第一曲率）、その逆数を曲率半径という。

光円錐

時空における事象の過去と未来を図示する手段。三次元の時空図は、慣習的には時間を垂直軸として描き、他の二つの軸が空間次元を表現する。

パウリの排他原理（パウリの原理）

量子力学において、「2個（またはそれ以上）の電子の量子数が全く一致することはありえない。かつ、多電子系において、2個の電子を交換しても、新しい状態は得られない」ことをいったもので、原子中の電子の殻構造分析から、パウリが、一九二五年に提唱した原理である。

チャンドラセカール限界

白色矮星が自身の重力を支えきれなくなるような最大質量。この限界より大きな質量の白色矮星は重力のもとで崩壊し中性子星かブラックホールになる。チャンドラセカールにちなんで名づけられた。

白色矮星

非常に質量の大きい星以外の星の進化の最終結果である小さい高密度の星。白色矮星は核燃焼が停止したときに星の中心核が崩壊して形成されると考えられている。

スターバースト星団（スターバースト銀河）

爆発的星生成（スターバースト）を起こしている銀河。スターバーストによって生成された星が銀河の全生産を通じて生き残ることはありえないので、スターバーストは一過性のものであるに違いない。

ボーク小球体（グロビュール）

塵とガスからなる小さい高密度の星間雲。通常は丸い形状をしている。明るい星雲あるいは星野を背景にしたシルエットで見ると暗黒に見える。

伴星

二重星や連星の暗い方のメンバー。

中性子星

体質量の星がⅡ型の超新星爆発を起こすときに形成されると考えられている極めて小さい超高密度の天体。パルサーは磁場をもった自転する中性子星である。体質量のX線連星は中性子星を含んでいると考えられる。

赤色巨星

低温で大きく非常に明るい星。赤色巨星は、中心核で水素燃料を燃やしつくして主系列を離れた星で、水素より重い元素間の核反応によってエネルギーを供給されている。

事象の地平（事象の地平線）

ブラックホールの表面。非自転ブラックホールの場合はシュワルツシルト半径の球面であり、ここでは脱出速度が光速度に等しいので、その内部で起こる事象は外部からは見ることができない。しかしながら、ブラックホールの強力な重力場の効果は事象の地平の外部でもいぜんとして感じられる。自転ブラックホールの場合は事象の地平は楕円形である。

絶対時間

哲学では、時間それ自身を独立な存在概念であるとする絶対時間と、時間は独立の存在ではなく現象に還元されるとする相対時間の二つの考えがある。ニュートンの古典力学においては、時間は自明の量として想定されているので、考えかたとして絶対時間に近いが、実際には物理学では絶対時間は必要でなく、任意の二つ以上の現象が起こる時刻の差、つまり時間が問題になるのである。このような時間の間隔は無限に分割可能である。すなわち時間は滑らかで連続であると考えられていて、これまで時間に分割不可能な最小単位があるという積極的な証拠はない。

裸の特異点

事象の地平によって隠されていない特異点。特異点とは、ブラックホールの中心に存在するはずと理論で予測される密度が無限大な点である。ブラックホールが自転しているならば（カーブラックホール）、事象の地平を囲む領域をまったくなくすことができ、特異点が見える状態になる。一部の理論家は特異点は常に事象の地平の背後に隠されていなければならないとする宇宙検閲官仮説を主張する。これが真実ならば、非常に急速に自転しているブラックホールでは事象の地平を保持するために何か未知の過程が作用していなくてはならない。

ワームホール

量子宇宙論における時空の構造の中の仮想的な虫食い穴あるいはトンネル。標準的な宇宙論は、時空は滑らかで、単連結であるという仮定に基づいている。原則として、十分に大きいワームホール（虫食い穴）があれば宇宙の遠方まで光よりもはるかに速く旅をすること、そして状況によっては時間の中を旅することができるであろう。しかしながら、ワームホールはまだ想像上のものである。

時空旅行（時空）

物理現象は（通常は三次元空間の）ある位置で、ある時刻に生じるが、相対性理論においては、位置の自由度と時間の自由度を合わせもつ四次元空間を考え、時刻t、場所（x, y, z）における物理現象をこの空間の点（ct, x, y, z）（cは光速度）に対応させ、時間を含む現象を幾何学的に取扱う。この空間を時空という。

定常状態

量子力学において、いかなる物理量の観測の確率も時間にはよらず一定であるエネルギー状態をいう。定常状態は時間的には一定であるので、その特徴は物理系によって決まる。たとえば、放電管の中にある各原子は、任意の時間にそれぞれ定常状態にあると考えることを通常行っている。大部分の原子は基底状態であり、放電管からの電磁波は励起状態にある数を表す指標となっている。

恒星状天体（クエーサー）

高い赤方偏移を示す天体で、星のように見えるが、遠方の銀河の非常に明るい活動銀河核である。

電波パルス（パルス）

取扱う時間の長さに比べて持続時間が十分短い電気あるいは光などの衝撃波をパルスとよび、衝撃波が1個のとき単発パルス、特にデルタ関数状のものをインパルス、またランダムあるいは周期的に継続するものをパルス列として区別するが、普通はこれらを総称してパルスという。

パルサー

極めて規則的なパルスを放射する電波源。一九六七年に最初のパルサーが発見されて以来６００個以上のパルサーがリストされている。

大部分の中性子星は超巨星中心核の崩壊による超新星爆発で創り出されたと考えられている。しかし、現在では、少なくともいくつかの中性子星は伴星からの質量の降着にしたがって白色矮星が中性子星に崩壊したというかなりの証拠がある。

熱力学の第二法則

熱力学の基本法則のひとつである。エントロピー増大則ということもある。第一法則が状態変化においてのエネルギー保存を述べているのに対し、第二法則は状態変化の起こる方向についての基本法則である。

エントロピー

系における無秩序さの程度を示す尺度。エントロピーが高いほど、無秩序さは大きい。閉じた系ではエントロピーが増大するとエネルギーの利用可能性は低下する。宇宙自身は閉じた系と見なすことができるので、エントロピーは増大しつつあり、その利用可能なエネルギーは減少している。

仮想粒子

無から発生し、次いでエネルギーを放出することなく急速に消滅する粒子–反粒子対。多数の仮想粒子が空間全体に存在するが、直接観測することはできない。

電子軌道（波動関数）

電子軌道とは、電子の状態を表す波動関数のことを指す。波動関数とは、一般には波動として伝わる物理量が、位置（座標）と時間にどのように依存するかを示す関数。

絶対温度

熱力学温度に対する別名。

背景放射

観測中の電波源以外から望遠鏡検出器あるいは受信装置に到達する電磁放射。電波天文学では背景放射は天の川から、そして宇宙背景放射は宇宙全体からやってくる。赤外線天文学では大気圏および望遠鏡自体からの背景放射は相当な量になりうるが、望遠鏡および装置を注意深く設計することで低減できる。

プランクの量子原理

入射する電磁波をすべて吸収するような仮想的な物体（黒体）から出る放射強度と波長または振動数の関係。一九〇〇年にプランクが定例化した。彼はエネルギーは不連続な粒（量子と呼んだ）として放射されるという説を唱え、これが量子力学の基礎を形成した。光の量子は光子であり、そのエネルギーは波長に依存する。

チェレンコフ放射

陽子や電子のような荷電粒子が透明な媒質中（例えば、地球大気、ガラス、あるいはある種のプラスチック）をその媒質における光速よりも大きい速度で通過するときに放射する光。この効果は電磁気の衝撃波に相当する。チェレンコフ光とも呼ばれるこの放射は任意の波長で起こるが、周波数が高いほど強度が増し、青色および紫外領域で最も強い。チェレンコフ放射はロシアの物理学者チェレンコフにちなんで名づけられた。

光子

電磁波の粒子。光子はゼロの静止質量とゼロの電荷を持ち、光速で伝播する。

電子

負電荷を持つ素粒子。電子は原子核をとりまく複数のエネルギー準位をとることができる。中性原子では電子の個数は陽子の個数に等しい。原子核から分離されると電子は自由電子と呼ばれる。

中性微子（ニュートリノ）

電荷を持たず非常に小さい（おそらくゼロの）静止質量を持つ素粒子。ニュートリノは静止質量がゼロならば光速に等しい速度で走行する。ミューオンニュートリノ、電子ニュートリノ、およびタニュートリノの三つの型が知られている。

反粒子

すべての素粒子は反粒子を持つ。ある素粒子Aの反粒子$\bar{A}$は、Aと同じ質量、同じスピン、同じ寿命をもち、電荷の大きさは同じで符号が逆である。

陽子

正の電荷を持つ素粒子。その電荷は電子の電荷と等しく符号が反対である。すべての原子の核に存在する。水素の原子核は陽子1個である。

中性子

最も軽い水素以外のすべての原子の角に存在する素粒子。陽子よりわずかに大きい質量をもち、電荷はゼロである。

核力

核子（陽子と中性子の総称）を結合させ原子核を構成する力。原子核が10^{-13}〜10^{-12}㎝という微小領域で、かなりはっきりとした表面をもって存在していることは、原子の世界を支配している電磁気的な力に比べて、核力がはるかに強く、到達距離の短い力であることを示している。

重水素

原子核が1個の陽子と1個の中性子からなる水素の同位体。重水素はヘリウムを生成する核反応の副産物としてビッグバンで生成されたと考えられている。

絶対零度

熱力学温度の目盛における零点。−273.16℃、あるいは−459.69℉に等しい。絶対零度では原子および分子のすべての運動が停止するとしばしばいわれるが、実際には少量のエネルギー（零点エネルギー）がまだ残っている。絶対零度は理論的に可能な最低温度であるが、実際には決して到達できない。

マイクロ波背景放射（宇宙背景放射）

空のあらゆる方向からくる微弱な広がった放射。波長1㎜周辺で最も強い。マイクロ波背景放射あるいは宇宙マイクロ波背景放射ともいう。

スピン

多くの素粒子が持つ性質の一つ。これらの粒子は、軌道運動の角運動量以上の角運動を持つのであたかも回転しているように振る舞う。しかしながら、粒子に印をつけてそれが回転していることを確かめる方法がないので、この性質を文字どおりにとるべきではない。

臨界膨張率（膨張率）

物体の体積が温度の上昇に伴って増大する割合のことを膨張率という。膨張率には、線膨張率と体膨張率とがある。線膨張率は固体の場合だけ定義できる量で、体膨張率は、固体、液体、気体いずれについても定義できる。

人間原理

人間の存在が宇宙の性質に結びついているという命題。人間原理には種々の形態がある。最も論争が少ないのは、弱い人間原理である。それによると、人類が宇宙で特別な地位を占めているのは、人類が誕生し進化できたのは、そのような条件が整った時と場所があったからであり、宇宙に性質を解釈する場合はこの選択効果を考慮しなくてはならない、というもの。もっと思弁的な説（強い人間原理）は、物理学の法則は人類の進化を可能にするような性質を持たなくてはならないと主張する。宇宙はどうやら人間の生命に合うように設計されているということを示唆しているために、強い人間原理は非常な論争の的になっている。

強い核力（強い相互作用）

古典物理学の世界では、2種類の基本的相互作用しか効果を現さないが、それらは、すべての巨視的現象や原子構造を含む科学的現象をよく説明する。その一つは重力であり、電気的に中性な物体の運動（とくに太陽系内の惑星の運動）を支配する。そして電磁気力があり、これは原子の中の電子の運動をつかさどり、原子間の相互作用の源であり、すべての化学作用の基礎を与えている。

原子の半径は約10^{-10}mである。原子中では、半径約10^{-14}mの中心原子核のまわりを電子の雲が覆っている。原子核は、核子（陽子と中性子）でできている。陽子の数で決まる全電荷量は、原子の化学的性質を決定する。原子核は、非常に安定で、どんな激しい化学反応のもとでも変化しない。原子核内での重力は、固く詰め込まれている陽子間に働く電気的反発力に比べ、まったく無視できる。電気的力は、原子核をばらばらに引き離す傾向があるので、このように安定な構造を形成するためには、核力ともいうべき何かまったく新しい力が働いていなければならないことになる。この力は、到達距離が短く、10^{-14}m以内に核子が接近したときにのみ有効である。

この到達距離内では、強力な電気的反発力に十分打ち勝つほど、核力は強い。この相互作用は、もう一つの原子核相互作用である弱い相互作用（原子核の自然崩壊の原因となる相互作用）と区別して、強い原子核相互作用として知られている。核兵器や原子炉のエネルギーの源は、この強い原子核相互作用である。

弱い核力（弱相互作用）

弱相互作用は、一見よく知られている他の相互作用とはまったく関係ないように見える。にもかかわらず、これら相互作用の間には数々の驚くべき規則性が発見されてきた。そしてこの発見が、自然を支配する法則についての知識を大きく前進させてきた。一九三一年、パウリは、β崩壊過程を理解しようとして出会う困難さを避けるために、原子核からβ粒子が放出されるときにはいつもスピン1／2で質量の軽い中性粒子も放出されるという仮説を発表した。そしてこの粒子が、β崩壊におけるエネルギーと運動量の保存を成立させると考えた。β崩壊で放出される平均エネルギーを熱量で測定したところ、β崩壊のエネルギースペクトルの直接測定から計算される値とたいへんよく一致している。このことは、ニュートリノと呼ばれる仮定された粒子が何ら測定にかかるエネルギーを残さないで装置から飛び出しており、ニュートリノと物質との相互作用はきわめて弱いということを意味している。

電磁力（電磁気力）

電場や磁場の中の電荷、磁極、電流に働く力。電磁力ともいう。

相転移（インフレーション宇宙）

一．温度や圧力のような、系の示強変数の変化によって引き起こされる状態の変化。よく知られている相転移の例は、気体液体転移（凝縮）、液体固体転移（凝固）、電気伝導体における常伝導超伝導転移、磁性体における常磁性強磁性転移、液体ヘリウムにおける超流動転移などである。典型的な相転移は、系の温度の変化によって引き起こされる。

二．力の統一理論によって示唆される宇宙初期における真空の相転移に伴って、宇宙が急激な指数関数的膨張を起こし、極めて短期間のうちに何十ケタ、もしくはそれ以上大きくなり、その後の潜熱の解放によって熱い火の玉宇宙へ進化するという、初期宇宙のモデルである。

過冷却

液体や気体を、本来ならば相転移が起こるはずの温度以下に冷却しても、もとの相のままにとどまっていることがある。このような現象を過冷却という。

エネルギー保存則

一つの質点の場合、これに働く力（合力）のする仕事は質点の運動エネルギーの増加に等しく、途中の道筋や速さには無関係である。

量子重力

物体間の重力相互作用をグラヴィトンと呼ばれる仮想的素粒子の交換によって記述する理論。グラヴィトンは重力場の量子である。グラヴィトンはまだ観測されていないが、光の光子との類推で存在すると仮定されている。

大統一理論

素粒子の基本的相互作用である強い相互作用、電磁相互作用、弱い相互作用を統一的に記述する理論。頭文字をとってGUTともよばれる。

虚数

虚数単位を$i^2=-1$により定義し、これをも数と考え、bを実数とする時、実数bとIとの積biと実数aとの和a＋biを複素数といい、実数でない複素数を虚数という。

ユークリッド時空（ユークリッド空間）

日常の現象が体験される平面や空間については、ユークリッド幾何学の公理、時に、「1点を通り与えられた直線に平行な直線はただ一つ存在する」という平行線の公理が成立する。これらの平面や空間は、それぞれ二次元および三次元のユークリッド空間である。一般に、ユークリッド幾何学の公理が成り立つ（有限次元）空間をユークリッド空間という。

弾性

物体が外力を受けると、形や体積にひずみを生じ、内部にはこのひずみをもとに戻そうとする応力が現れる。このひずみをもとに戻そうとする性質を弾性といい、応力とひずみとが常に一対一に対応し、応力がなくなればひずみもなくなるような変形を弾性変形という。また応力-ひずみの対応が瞬間的に成立しない場合を粘弾性あるいは擬弾性などとよび、荷重を除いてももとの状態に戻らなければ塑性という。

熱伝導

熱の伝達は、大別すると、放射によるもの、対流によるもの、伝導によるものがある(熱伝達)。放射による熱の伝達は、電磁波、特に赤外線がエネルギーを運び、対流によるものはエネルギー密度の大きい物質が、エネルギー密度の小さい物質中に移動することによって熱を伝達する現象である。それに対し、電磁波の放射も物質の流れも伴わない熱の伝達を熱伝導という。巨視的な物質の流れがなくても、気体中の分子や金属中の電子のような微視的な粒子は物質中を動きまわっているから、これらの粒子がエネルギーを伝達するのである。

超重力

超対称性と一般相対性理論を結合させた理論。万有引力の理論である一般相対性理論は、また一般座標変換というゲージ変換での不変性をもつゲージ理論でもある。一般相対性理論の重力場gμνとスピノール場を一つの組にして、それらの場の間に局所超対称変換を導入することができる。この変換と一般座標変換で不変な重力理論を超重力理論とよぶ。

重力子

一般相対性理論で万有引力を記述する重力子は、メトリックテンソルgμν（μ, ν ＝0, 1, 2, 3）で表される。電磁現象を記述する電磁場の場合と同じように、重力場を量子力学的対象と考え量子化するとき、重力場の量子が現れる。これを重力子（電磁場のときは光子）あるいはグラビトンとよぶ。

粒子（素粒子）

物質を構成する根元的な粒子という意味で、一九三〇年代から陽子、中性子、電子、光子を素粒子とよぶようになった。その後、これらの粒子どうしの衝突などによって多数の新しいタイプの粒子が発生することが発見され、これらの粒子もすべて素粒子とよばれている。素粒子は質量、スピン、パリティ、電荷、バリオン数やそのほかの内部量子数によって固定されるが、現在までに約200種類の存在が確認されている。このように多くの素粒子のすべてが物質を構成する根元的な粒子だとは考えられず、ハドロンとよばれる一群の素粒子はクォークとよばれる基本的な粒子から構成されていると考えられているので、素粒子とよばずに粒子とよぶこともある。

ひも理論（超ひも理論）

ひも理論と呼ばれる素粒子論の中の一例。ひも理論では物質の基本単位は点状の粒子だけではなく、ひもと呼ばれる一次元の物体である。超ひもは総対称性をもつひもである。超ひも理論はこのようなひもの性質からすべてのクラスの観測される素粒子を記述しようと試みる。この理論は完全に推論的であるが、ごく初期の宇宙の物理学にとっては何らかの意味を持つかもしれない。

世界線

時空において物体がたどる軌跡。時空は四次元であるために世界戦を視覚化することは難しいが、もし宇宙が一次元の時間と一次元の空間しか持たなければ、時間を垂直に距離を水平にプロットしたグラフ上に世界線を描くことができる。座標系に対して静止した粒子は垂直軸に沿って走る世界線を持つが、運動する粒子は上方に向かう曲線あるいは直線の世界線を持つであろう。現実の宇宙では運動する粒子の世界線は四次元時空の中の線である。

世界面

弦は一次元的な広がりをもった物体で、弦の運動の軌跡は時空間でのひとつの二次元的な面となる。この面のことを世界面とよぶ。弦には張力が備わっていて、振動しながら運動する。この弦が全体として空間的に並進運動すると、あるエネルギーと運動量をもったひとまとまりのもの、すなわち粒子として観測される。

張力値（張力＝応力）

物体の表面、または物体内部の任意の面を通して両側の部分が及ぼし合う力を面積力といい、単位面積あたりの面積力を応力と定義する。一般に応力は考える面の向きにも依存する。

トーラス

自転車タイヤの内部チューブあるいはドーナツに似た形状をもつ物体。円形に曲げ、中央に穴を残して両端を結合した円柱。円柱の断面は円形であることが多いが、楕円形など他の形状もとりうる。

人名解説

ニュートン　Newton, Isaac（1642–1727）

イギリスの物理学者、数学者。万有引力の法則、運動の法則などを明らかにした。一六八七年には、二〇年来の研究の成果をまとめた『自然哲学の数学的原理（プリンキピア）』を出版。力学のみならず、光学、数学の分野でも多大なる功績を残し、人類史上最高の科学者の一人とみなされている。

アインシュタイン　Einstein, Albert（1879–1955）

ドイツ生まれのアメリカの理論物理学者。特殊相対性理論、一般相対性理論を発表し、それまでの時間と空間、物質の概念に革命を起こした。一九二一年、光量子説の功績によりノーベル物理学賞を受賞。ナチスのユダヤ人迫害を逃れ、一九三三年アメリカに亡命。第二次世界大戦後は核兵器の廃絶を訴え、平和運動に尽くした。

アリストテレス　Aristotle（384–322 BC）
ギリシアの哲学者。論理、生物、社会、芸術などあらゆる学問を体系化し、「万学の祖」といわれる。宇宙の中心に地球があり、その周りを惑星が回っているという宇宙論を唱えた。また、地球が球形であることを証明したことでも知られる。

プトレマイオス　Ptolemaios, Claudius（AD2世紀中頃）
エジプトの天文学者、地理学者。著書『天文学大系（アルマゲスト）』で、古代ギリシアの天動説を大成。地理学においては、緯度・経度を用いて世界地図を作成した。

ニコラウス・コペルニクス　Corpernicus, Nicolaus（1473–1543）
ポーランドの天文学者。司祭を務めるかたわら、天文学の研究に携わる。一五四三年に『天体の回転について』を出版、太陽が宇宙の中心であるという地動説を提唱した。

ヨハネス・ケプラー　Kepler, Johannes（1571–1630）
ドイツの数学者、天文学者。惑星の運動に関する「ケプラーの法則」で知られる。第一法則では、惑星が楕円軌道で動いていると主張。また、太陽と惑星のあいだには磁力の相互作用があるという理論から第二、第三法則を導き出し、ニュートンが万有引力の法則を発見する礎となった。

ガリレオ・ガリレイ　Galileo Galilei（1564–1642）
イタリアの天文学者、物理学者。新しく発明された望遠鏡を自ら改良し、太陽の黒点や金星の位相を初めて観測。また、木星の四つの衛星も発見。コペルニクスの地動説を支持し、天動説に異を唱えた。この主張によりローマで宗教裁判にかけられ、晩年は軟禁されて過ごした。

リチャード・ベントリー　Bentley, Richard（1662–1742）
イギリスの古典学者。ケンブリッジ大学トリニティ・カレッジの学寮長を務め、ニュートンの熱烈な支持者としても知られる。

ハインリヒ・オルバース　Olbers, Heinrich Wilhelm Matthaus（1758–1840）

ドイツの医者、天文学者。小惑星の発見と、彗星の軌道を計算する方法を公式化した。また、「なぜ夜空は暗いのか」という基本的な問いを発し、当時多くの議論を引き起こした。

アウグスティヌス　Augustinus（354–430）

古代キリスト教会の神学者。ヌミディア（北アフリカ）のタガステに生まれる。プラトン哲学とキリスト教神学を集大成し、デカルトに先んじて認識論を展開。中世思想の門を開いた。

エドウィン・ハッブル　Hubble, Edwin Powell（1889–1953）

アメリカの天文学者。ウィルソン山天文台で星雲の観測を続け、我々の銀河系以外にも独立した恒星体系があることを発見。また、赤方偏移から銀河の速度と距離を比較し、遠くにある銀河ほど高速で後退すると結論づけ（「ハッブルの法則」）、従来の宇宙論を大きく覆した。

アレクサンドル・フリードマン　Friedman, Alexander Alexandrovich（1888–1925）

ソビエトの数理物理学者。アインシュタイン方程式の解を発見。宇宙の膨張理論の発展に寄与したが、生前にはその業績が認められることはなかった。

アルノ・ペンジアス　Penzias, Arno Allan（1933–）

ドイツ生まれのアメリカの物理学者。一九六四年、ウィルソンとともに宇宙マイクロ波背景放射を初めて検出。ビッグバン理論の証拠となるこの発見により、一九七八年ノーベル物理学賞を受賞した。

ロバート・ウィルソン　Wilson, Robert Woodrow（1936–）

アメリカの電波天文学者。ペンジアスとともに宇宙のマイクロ波背景放射を初めて検出。この業績により、一九七八年ノーベル物理学賞を受賞した。

ボブ・ディッケ

→ロバート・ヘンリー・ディッケ　Dicke, Robert Henry（1916–1997）

アメリカの物理学者。原子物理学、量子光学、重力理論、宇宙理論など多方面で活躍。ディッケ放射計を発明し、宇宙のマイクロ波背景放射の研究に寄与した。また、「弱い人間原理」と呼ばれる説を唱えたことでも知られる。

ジム・ピーブルズ　Peebles, James（1935–）

ディッケと共同で行った宇宙のマイクロ波背景放射の研究をはじめ、初期宇宙での元素合成、銀河の形成など、現代宇宙論の研究に幅広く貢献。宇宙論を厳密な現代科学へと導いた。

ジョージ・ガモフ　Gamow, George（1904–1968）

ソ連生まれのアメリカの物理学者。最初に学んだ核物理学を天体物理学と宇宙論に応用し、ビッグバン理論を発展させた。一般向けに物理学をわかりやすく解説した『不思議の国のトムキンス』など、啓蒙書も多く著わしている。

ヘルマン・ボンディ　Bondi, Hermann（1919–2005）
オーストリア生まれのイギリスの数学者、天文学者。天文学では、ゴールドやホイルとともに、定常宇宙論を展開したことでもっともよく知られる。

トーマス・ゴールド　Gold, Thomas（1920–2004）
オーストリア生まれのアメリカの天文学者、物理学者。ボンディ、ホイルとともに定常宇宙論を提唱。また一九六八年にパルサーが発見されると、パルサーの信号は高速回転をする中性子星から放射されていることを示した。

ブリトン・フレッド・ホイル
↓フレッド・ホイル　Hoyle, Fred（1915–2001）
イギリスの天体物理学者、ＳＦ作家。ビッグバン宇宙論を批判し（ビッグバンの名は、ホイルが侮蔑的にこう呼んだことから命名）、定常宇宙論の研究を生涯続けた。また、星の元素合成に関する研究においても重要な成果を残している。

マーティン・ライル　Ryle, Martin（1918–1984）

イギリスの天文学者。複数の電波望遠鏡を干渉計として用いる「開口合成法」を開発し、ケンブリッジを電波天文学の中心地へと導いた。この業績によって、一九七四年ノーベル物理学賞を同僚のヒューイッシュとともに受賞。

ロジャー・ペンローズ　Penrose, Roger（1931–）

イギリスの数学者、理論物理学者。ホーキングとともに、ブラックホールの特異点定理を証明した。相対性理論と量子力学を統一する量子重力理論「ツイスター理論」の提唱や、ペンローズタイルの発見でも知られる。

ジョン・ホイーラー　Wheeler, John Archibald（1911–2008）

アメリカの理論物理学者。一般相対性理論の第一人者で、晩年のアインシュタインと共同研究を行った。「ブラックホール」や「ワームホール」の命名者。

ジョン・ミッチェル　Michell, John（1724–1793）

イギリスの地質学者、天文学者。地震の原因や震源を特定する方法や、星までの距離を求める方法などを提案。また、強い重力により光の粒子が引き戻されてしまう「暗黒の星」の存在を示唆し、現代のブラックホール宇宙論につながる説を18世紀に唱えていた。

ピエール＝シモン・ラプラス　Laplace, Pierre Simon de（1749–1827）

フランスの数学者。天体力学、確率論の研究で知られる。18世紀の天体力学を要約した『天体力学概論』や『確率の解析的理論』などの名著を残した。

スブラマニヤン・チャンドラセカール　Chandrasekhar, Subrahmanyan（1910–1995）

インド（現在のパキスタン）生まれのアメリカの天体物理学者。白色矮星の質量に上限があることを理論的計算から導き、「チャンドラセカールの限界」を唱えた。星の構造と進化に関する功績により、一九八三年ノーベル物理学賞を受賞。

サー・アーサー・エディントン
→アーサー・スタンレー・エディントン　Eddington, Arthur Stanley（1882-1944）

イギリスの天体物理学者。星の質量と光度の関係を導き出し、一九二六年に『星の内部構造』を出版した。20世紀最高の天体物理学者と言われ、一般相対性理論の普及に重要な役割を果たした。

ロバート・オッペンハイマー　Oppenheimer, Julius Robert（1904-1967）

アメリカの物理学者。一九三〇年代後半に中性子星の安定性と重力崩壊に関する論文を発表し、ブラックホールの存在を示唆した。第二次世界大戦中、ロスアラモス国立研究所の初代所長としてマンハッタン計画を推進したため、「原爆の父」と呼ばれる。

カール・シュヴァルツシルト　Schwarzschild, Karl（1873-1916）

ドイツの天文学者。それまで眼視で決定されていた星の等級に、写真乾板を用いて正確に求める方法を開発した。また、一九一六年にはアインシュタイン方程式の厳密解を最初に発見、「シュヴァルツシルト半径」を提唱した。

ロイ・カー　Kerr, Roy（1934–）

ニュージーランド生まれのアメリカの数理物理学者。一九六三年にアインシュタイン方程式の一つ、回転するブラックホールの解を発見した。

マールテン・シュミット　Schmidt, Maarten（1929–）

オランダ生まれのアメリカの天文学者。一九六三年、電波源3C273のスペクトルのなかに、大きく赤方偏移した水素のスペクトル線があることに気づく。これが最初のクエーサーの発見となり、定常宇宙論を否定する根拠となった。

ジョスリン・ベル　Bell, Jocelyn（1943–）

イギリスの天文学者。一九六七年ケンブリッジ大学の大学院生時代に、アントニー・ヒューイッシュのもとで最初のパルサーを発見した。

アンソニー・ヒューイッシュ
→アントニー・ヒューイッシュ　Hewish, Antony（1924–）
イギリスの電波天文学者。ケンブリッジのマラード電波天文台で、マーティン・ライルとともに電波源の研究を行った。一九六七年、当時彼の学生であったベルが最初のパルサーを発見。一九七四年、パルサーの研究に関する業績でライルとともにノーベル物理学賞を受賞。

ジェイコブ・ベケンスタイン
→ジェイコブ・ベッケンシュタイン　Bekenstein, Jacob David（1947–）
アメリカの数理物理学者。現在はイスラエル在住。プリンストン大学の大学院生時代に、ブラックホールのエントロピーは地平面の面積に比例すると予測した。

ヤコフ・ゼルドヴィッチ　Zel, dovich, Yacov Borisovich（1914–1987）
ソビエトの物理学者。核物理学をはじめ、ブラックホールや銀河の形成など天体物理学の分野でも功績を残す。ソビエトの核兵器の開発においても、重要な役割を果たした。

ファインマン　Feynman, Richard Phillips（1918–1988）

アメリカの物理学者。経路積分や「ファインマンダイアグラム」と呼ばれる場の理論における図式化の手法を発案した。一九六五年、量子電磁力学の発展に大きく寄与した功績により、ジュリアン・S・シュウィンガー、朝永振一郎とともにノーベル物理学賞を受賞。

アラン・グース　Guth, Alan Harvey（1947–）

アメリカの物理学者。インフレーション宇宙モデルを提唱した人物として知られる。一般向けの著書に『なぜビッグバンは起こったか　インフレーション理論が解明した宇宙の起源』がある。

マックス・ボルン　Born, Max（1882–1970）

ドイツの物理学者。原子内の電子のふるまいを数学的に説明するなど、初期量子力学に貢献した。また一九五四年には、波動関数の統計的解釈を提唱した業績により、ノーベル物理学賞を受賞。

ディラク　Dirac, Paul Adrien Maurice（1902–1984）

イギリスの理論物理学者。電子スピンや磁気単極など新しい概念を生み出し、量子電磁気学の発展に寄与した。電子の相対性理論を定式化し、陽電子の存在を予言。一九三二年になって実際に陽電子が発見され、一九三三年ノーベル物理学賞を受賞した。

ジョン・シュワルツ　Schwarz, John Henry（1941–）

アメリカの理論物理学者。ひも理論（別名、弦理論）に超対称性を取り入れた「超ひも理論」の提唱者として知られる。

ウィトゲンシュタイン　Wittgenstein, Ludwig（1889–1951）

オーストリア生まれの哲学者。B．ラッセルやG．E．ムアの影響を受け、哲学の仕事を言語の意味分析に限定するものと規定した。主著に『論理哲学論考』や『哲学探究』がある。

カント　Kant, Immanuel（1724–1804）

ドイツの哲学者。ニュートンの自然哲学やヒューム、ルソーの思想に影響を受け、批判哲学を確立。人間の理性そのものの領域や限界を明らかにしようと努め、『純粋理性批判』『実践理性批判』『判断力批判』の三批判書を著わした。

参考文献

『オックスフォード天文学辞典』朝倉書店
『物理学辞典』培風館
『第三訂版　物理学辞典』培風館
『第2版MARUZEN物理学大辞典』丸善
『物理学大事典』朝倉書店
『物理学大百科』朝倉書店
『科学者人名事典』丸善
『世界科学者事典3　天文学者』原書房
『世界科学者事典4　物理学者』原書房
『宇宙に果てはあるか』吉田伸夫著　新潮選書
『地球と宇宙の小事典』岩波ジュニア新書
『物理の小事典』岩波ジュニア新書
『岩波西洋人名辞典』

『コンサイス人名辞典　外国編』三省堂

監訳 **向井 国昭**（むかい・くにあき）

1971年　東京大学理学部数学科　卒業
1971年　三菱電機株式会社　勤務
1982年　財団法人 新世代コンピュータ技術開発機構　出向
1991年　工学博士（東京工業大学）
1992年　慶応義塾大学環境情報学部 助教授
1995年　慶応義塾大学環境情報学部 教授
現在に至る。

訳 **倉田 真木**（くらた・まき）

上智大学外国語学部卒業。シンクタンク勤務を経て翻訳者に。訳書に、ジョン・グレイ『男は火星人女は金星人』（ソニー・マガジンズ）、アート・ベル&ホイットリー・スピアーズ『デイ・アフター・トゥモロー』（メディアファクトリー）、エリン・シェール&マイケル・カー=グレッグ『思春期という時限爆弾』（オープンナレッジ）、ポール・オーファラ&アン・マーシュ『夢は、「働きがいのある会社」を創ること。』（アスペクト）、デニーン・ミルナー『ドリームガールズ』（小学館）、ケイトリン・R・キアナン『ベオウルフ』（小学館）、ジョーンズ・ロフリン&トッド・ミュージグ『象はポケットに入れるな!』（マガジンハウス）、ピーター・グリーナウェイ『レンブラントの夜警』（ランダムハウス講談社）、ほかがある。

ホーキング 宇宙の始まりと終わり——私たちの未来

発行日……………2008年10月1日　第1刷発行
2018年4月13日　第4刷発行

著者………………スティーヴン・W・ホーキング
監訳………………向井 国昭
訳…………………倉田 真木

装丁………………岩瀬 聡
本文レイアウト……宇那木 孝俊

編集人
発行人……………阿蘇品 蔵

発行所……………株式会社 青志社
〒107-0052 東京都港区赤坂6-2-14レオ赤坂ビル4F
電話………………03-5574-8511（編集部／営業部）
FAX………………03-5574-8512

校閲………………天人社
DTP………………株式会社 シナノ
印刷………………慶昌堂印刷株式会社
製本………………東京美術紙工協業組合

Printed in Japan　ISBN978-4-903853-37-6